樹木收藏家

愛樹成癡者的故事

THE

TREE COLLECTORS
Tales of Arboreal Obsession

Amy Stewart

艾米・史都華

我想在世界末日種下一棵樹。

　　　　　　　　　　—W·S· 默溫

推薦文

每一棵樹木的背後，都有一位感人的收藏家 與一段動人的故事

胖胖樹｜植物科普作家、熱帶植物收藏家

《樹木收藏家：愛樹成癡者的故事》這本書吸引我的注意，除了因為它是《醉人植物博覽會》與《邪惡植物博覽會》作者艾米·史都華（Amy Stewart）所作的圖文書，更重要的是它的主題。

作者從一開始覺得很奇怪，不能理解為什麼有人要收集樹木這類活生生，體積龐大又難以移動的巨物，如同蒐集書或其他東西一樣。但到後來，作者被這些人感動，為他們立傳。

書中，每個人收集並栽培的樹木種類不同，背後的原因跟動機也不一樣。有些人著迷於特定樹木奇特的形態與生態，有人種樹是為了藉由樹木與家人之間牽起聯繫，甚至有人是因為朋友離去前的託付，原本的意外卻變成了一生的志業。書中每一則故事都充滿了人們對樹木的熱情，這種愛不是只有愛樹成痴的人會感動，一般人也會為之動容。

這當中，每個人的開始收藏樹木的原因不同，喜歡或栽培的樹木當然也有所區別。有的人喜歡棕櫚，有的人蒐集能夠結毬果的針葉植物，有人偏愛

殼斗科這類有橡實的樹，有人獨鍾奇特的果樹，有人受到各種樹葉的奇妙形態所吸引，當然也有人保存了許多品種的山茶花、蘋果。就我個人所知，這些人不僅僅是出現在書中，世界各地都有類似的樹木愛好者。

其中「來自愛達荷州博伊西（Boise）的戴夫・亞當斯（Dave Adams），他收藏的熱帶樹木無法過冬。一旦下雪，他的客房和車庫就變成了樹木旅館」，就跟我一樣，總是在寒流來時，把樹一棵一棵抱進房子裡。此外，還有人偷偷在公有地上種樹，有人和療養院的住民一起種樹，在種樹過程中受到家人、朋友、鄰居的支持或異樣眼光……閱讀過程總是讓人聯想到自己或其他植友的經歷。

其實，喜愛並收集樹木者大有人在，海內外都是。除了書上所提到的人物，我也想跟大家分享幾位。首先是前英國女王，伊莉莎白二世，她是一位從小愛樹、愛種樹之人。她不僅在白金漢宮種樹、養蜂，也跑遍大英國協，在全世界到處種樹，用她自身的影響力，希望世人更關心地球生態。在一部紀錄片《女王的綠世界》中，她如數家珍，向大衛・艾登堡爵士（David Frederick Attenborough）介紹了白金漢宮裡一千多棵樹，每一棵都有特殊的紀念意義，例如紀念家族每一個成員的到來。我想如果要舉一位樹木收藏家，絕不能遺漏她。

另外，日治時期有「二水總督」之稱的企業家，增澤深治，在二水闢建私人植物園，占地約六、七公頃，收藏植物共有一百一十三科，約一千兩百種。他可以說是當時植物栽培圈的名人，開台灣私人植物收藏之先河。當時他搭軍機到海外考察、蒐集植物，在全台各地演說，還邀請九任總督到他的

「萬樹園」參觀。可惜，在他的最後一趟植物考察之旅中，其座機被美軍擊落。他的私人收藏被偷走或死亡大半。時至今日，二水火車站附近的「增澤萬樹園」還可以見到幾株他手植的大樹，像是在述說過去的輝煌。

其他還有回到巴西造林的攝影師塞巴斯蒂・昂薩爾加多（Sebastião Salgado），印度森林之子紮達夫・佩揚（Jadav Payeng）、西雙版納雨林的守護者李旻果，甚至台灣樹王「賴桑」賴倍元，都為樹傾盡所有。這些買地種樹、造林的人常常都被笑是傻子，但是我卻相信，他們內心富足且幸福。

就跟作者過去的作品一樣，書中每一則故事都不是很長，很容易閱讀。除了記錄樹木收藏家外，還根據不同的收藏，描述了跟樹有關的知識，如植物分類、嫁接、樹葉收集、小規模造林、大樹搬運、生態學、動物對樹木的影響等等，並且附有大量作者自己繪製的收藏家或樹木插畫，是一本故事和知識、美學兼具的書籍。

「種樹是一項從種子開始著眼的長期議題。」我覺得書中這句話，是對「種樹」很好的詮釋。這幾年，因為 ESG（企業永續治理關鍵字）、SDGs（聯合國永續發展目標），「種樹」議題方興未艾。但是，樹木不僅僅是樹木，跟其他收藏一樣，收藏品在收集並保存的過程中，會有它跟收藏者之間獨一無二的連結，這是「樹木收藏」與單純「種樹」之間極大的差異。如果不是真心愛樹，在種樹當下恐怕很難理解當中的不同。

然而，樹木跟其他收藏品有所不同，因為樹木具有生命，會長大、開花、結果，而且樹木的壽命往往比收藏家更長。所以我總是說，我們不是樹木

收藏家，我們只是這段時間的園丁，負責照顧樹木，並且在自己離去前找到下一任園丁。

每一棵樹木的背後，都有一位感人的收藏家與一段動人的故事。

我相信，不論樹木帶給你什麼樣的感受，不論你有沒有任何收藏，都可以在《樹木收藏家：愛樹成癡者的故事》中，找到觸動你內心的故事。

懷念樹・還戀樹

沈恩民｜自然圖文插畫家

我的童年與青少年時期，曾有一棵很親密的樹。他與我年紀相仿，小時候，我在他身邊嬉戲。再長大一些，我每年夏天都能從他身上得到美味的果實，還有攀上樹梢的快意。不過後來因為遇到一些問題，當我想再見他時，那粗壯的樹幹與濃密的枝葉都已消失。

我不知如何表達那股遺憾與哀傷，似乎也沒難過多久，我對樹無感多年，迷失在另一種價值的追尋，直到我重新發現——我的生命需要樹。我又開始靠近樹、感受樹，會為了樹難過、為了樹開心。我也開始畫樹，希望分享樹的美好，告訴大家樹有多麼重要。

《樹木收藏家》讓我遇見世界各地愛樹成痴的人們，也看見他們用各自不同的收藏行動，表達對樹木的愛戀。然後，從他們的故事去思考。我是否也能找到自己的方式，成為樹木收藏家？

在心裡收藏一棵樹

徐嘉君｜林試所副研究員，「找樹的人」計畫主持人

我總覺得每位植物學家應該都是有收藏癖好的人。從小我就熱中於在餅乾盒裡收集羽毛、貝殼跟石頭，時不時拿出來欣賞；十歲時，我的願望是希望長大後能擁有一個溫室，收集全世界的植物來展示；畢業以後更迷上收集原生蘭，許願以後能當一個蘭花苗圃老闆。

而後我變成生態學者，我發現地球上所有的生物、尤其是大樹，其實無法獨自存在、更不能為私人所擁有。2017 年我習得樸門農法，在花蓮的大農大富試驗地種下一片食物森林；2018 年，我開始利用光達資料尋訪台灣最高的樹，將台灣原始林的美好與巨木的偉大傳達給眾人。如今，台灣巨木地圖裡已經收集了九百四十一棵樹高超過六十五公尺的巨木，而食物森林每年也產出甜美的果實與眾人分享。在這本書裡，我也看到一些例子，將稀有植物據為己有的想望，轉變為大愛的森林保護活動。

畢竟一棵樹的壽命遠遠超過人類，收集樹木的人，終究無法擁有一棵樹，不是嗎？

我的樹朋友們

黃盛璘｜園藝治療師

一看到書名《樹木收藏家：愛樹成癡者的故事》，不加思索地，就答應了寫推薦的邀約。因為我也是個愛樹者，而我也在收藏樹——用交朋友的方式收藏樹。每到一個地方，我總會找一棵樹，邀請他成為我的樹朋友。從三峽一棵挺拔的樟樹開始，到梅峰一棵會隨季節變裝的銀杏，到香港嘉道理農場水邊一棵不知名大樹，到家附近公園的一棵老榕樹……我用腦海記錄我的樹朋友，想念時，就會把他們叫出來，問問近日可好？疲倦時，就去拜望最近的一棵樹，靠靠他、抱抱他；有時也會介紹生長在不同地方的樹，讓他們互相認識……越來越多樹朋友，讓我的心中安定，而不孤獨。我喜歡用交朋友的方式來收藏樹。

可以從這本書看到這麼多位愛樹成癡的人，真讓人開心。知道樹有這些人在愛護，在照顧他們，讓我對這世界感到格外的安心！

目次

治療者

生態學家

藝術家

策展人

教育工作者

社區建設者

愛好者

前言

為什麼人會想要擁有一棵樹？

十年前，倫・艾瑟爾（Len Eiserer）介紹自己是一名樹木收藏家。住在賓州的他擁有一些土地，在那裡他盡可能緊密地種植各種喜歡的樹。他告訴我，他已經種下一百五十株不同品種的樹木，就像藏書家將書籍排列在書架上一樣。

我記得我當時心想：收集樹木是一件很奇怪的事，因為樹木體積龐大而且難以移動。收藏家的品味會隨著時間的推移而改變：喜歡玩具車或古董鈕扣的人，會漸漸厭倦較常見的品項，想出清它們，轉而購買稀有而精緻的物件。但當收藏品是巨大、活生生還會呼吸的生物體時，該如何做到這一點？

後來我又遇到來自愛達荷州博伊西的戴夫・亞當斯（Dave Adams），他收藏的熱帶樹木無法過冬。一旦下雪，他的客房和車庫就成了樹木旅館。他已經完全沒有空間了，但仍然仰賴一位聖地牙哥的熱帶樹木經銷商來滿足他的愛好。

他是我認識的第二位樹木收藏家。

2019 年，詩人默溫（W. S. Merwin）去世，訃聞裡提及他在夏威夷的棕櫚樹收藏極為精彩。

那是壓垮駱駝的最後一根稻草。樹木收藏家在我面前（請原諒這個說法）出奇不意地從樹木間竄出[1]。如果我尚未嘗試尋找就出現三位，那麼還有多少人等著我去發現？

事實證明，他們為數眾多。就像硬幣或郵票收藏家一樣，樹木收集者也喜歡相伴同行。他們組成俱樂部，舉辦研討會和交流會，在線上論壇分享照片，相偕實地考察。無論你的偏好是橡樹、楓樹、針葉樹或木蘭，都有適合的樹木社群可以投身。

我開始出入這些團體，詢問人們是否願意與我談論他們的收藏。起初，沒人相信我願意傾聽；他們的朋友並不理解這種難以自抑的行為，他們的配偶也早已厭倦談論樹木。這就是他們一開始組成社團的原因：正如木蘭收藏家貝絲・愛德華（Beth Edward）所說：「無論是我的職業生涯或是家庭，都沒有人真的跟我擁有同樣的興趣。我孤身一人。但當我和木蘭協會的人相聚時，我成了另一名木蘭愛好者。我跟大家一樣。」

當我開始與樹木收藏家攀談時，我以為討論會聚焦在園藝方面，談及稀有培育品種和罕見的亞種等等。我預期聽聞的主題是偏遠叢林的旅程以及嫁

---

[1] 譯注：原文片語 Coming out of woodwork，是以木柴放到火爐中時、木頭中躲藏的蟲紛紛竄出作為比喻。

接的專門技術。我想我也會遇到收藏家寬容的配偶和困惑的鄰居。這些確實都發生了，只是實際狀況遠超出上述範疇。當人們告訴你，他們從事這項活動的動機既不是為了錢，也非出於必要，而是為了滿足他們最深層的熱情和最瘋狂的好奇心時——我想你投身的是一場真正親密的對話。

人們向我講述他們的童年以及對樹木最早的記憶。他們告訴我，父母、祖父母或鄰居有先見之明，給一個八歲的孩子一本關於銀杏或尤加利樹的野外指南。有些人提到，種植第一棵樹幫助他們面對難以承受的失落。有些人愛上了樹木採集的探險活動。有些人則表示，他們的收藏有助思考過去，或讓他們與自己的傳統聯繫起來。而每個植樹的人都會思索未來，以及生命在他們離世後會如何延續。

我們當中有多少人能有機會向陌生人傾訴心聲？不知何故，談論樹木使這點成真。每次採訪結束時，我都覺得自己交了一個朋友——實際上遠勝於朋友。這些樹木收藏家——與我有所交集的樹木收集者——在我看來，更像是我初次相見的某位遠方親戚。

收集栗樹的艾倫‧尼科斯（Allen Nichols）告訴我，母親是他和栗樹之間的橋梁。我覺得我和這些收藏家們，也透過他們的樹木連結在一起了。我會想讓他們當中的某些人充當我的祖父母、很酷的表兄弟或古怪的阿姨。那些對英語一竅不通的人——日本的植物學家、印度的社區組織者——也像我的家人一樣，即使我所能做的僅是靜坐著，讓翻譯來處理採訪事宜。讀者可能會覺得與樹木收藏家們進行五十次對話會顯得重複，但我瞭解到了，他們之中沒有兩名樹木收集者是相同的：他們受到高度個人化的欲望和本

能所驅動；有些人的目標是保護受威脅物種，有些人希望復原土地，有些人想要被美好的事物包圍，有些人則想建造紀念碑或創作藝術品。植樹是一種更新土地和植樹者的方式，這讓我開始看見樹木收藏家的生活——充滿了冒險和奇蹟、一種多麼美好的生活。

任何收藏活動都是表達獨特迷戀的一種方式。收藏家往往會找到一個合適的定位，並試圖擁有所有佔據該定位的物件。這是可以持續一生的追求。收集橡木的碧翠思·查塞（Béatrice Chassé）告訴我，這就是為什麼她認識這麼多和她有著同樣熱誠的八旬老人：「**收集是一種熱情，也是人們活著的動力。也許這是種徒勞，但我希望每個人都能從事這般徒勞的活動。**」

收集樹木的原因各種各樣，我決定根據我認定的主要動機分類這些收集者。治療師透過植樹治癒自己與他人的生活，這種方式甚至能治療過往的創傷；藝術家藉由樹木創作，完成了藝術實踐；探索者將他們對樹木的熱情散播到世界各地，甚至進入太空；社區營造者完成了將人們聚集在樹冠下的非凡工作。每個人與樹木間的關係都是親密而無法一言帶過的，但我希望透過分類，說明被樹木包圍的生命能帶來的諸多可能性。

收集樹木這項嗜好的門檻很高：你要先擁有土地。所有的收藏活動都會佔用空間，但毫無疑問，沒有誰比樹木收藏家更貪求土地。世上有眾多出色的私人樹木收藏，他們的故事都是這樣開始的：「早在七〇年代，我們就買下了三十英畝的土地並開始植樹。」但如今誰有錢購買三十英畝的土地呢？當年買得起的都是哪些人呢？

這些問題讓我更廣泛地思考何謂收藏家，以及如何定義收集活動本身。城市樹木編目計畫算是一種收藏活動嗎？弗朗西斯科・阿霍納（Francisco Arjona）在他的 Instagram 帳號上對墨西哥城的樹木進行編目，這也算是一種收集嗎？賽魯斯・帕特爾（Sairus Patel）管理傑出的史丹福樹木計畫（Trees of Stanford project），不僅追蹤現今史丹福大學校園內的每棵樹，還回溯過往曾經生長在校園內的樹木；只要有人注意到樹木並開始計數，就可以算是一種收集了嗎？

當然，有些收藏只須佔據少量空間。你可以在居家周圍撿拾橡實，然後把它們放進陽台上的花盆裡發芽，我遇到過這樣做的收藏家。你也可以像藝術家山姆・范・艾肯（Sam Van Aken）一樣將四十種水果嫁接到一棵樹上。有些人收集松果、樹葉或木材樣本。你可以將它們存放在幾個盒子裡，然後置於床下。

但面對誰能擁有土地以及原因何在的議題，引領我發現本書中最有意義的故事。

喬・漢密爾頓（Joe Hamilton）在曾經為奴的曾祖父所留下的土地上種樹。最初這塊土地在內戰結束時佔地八百八十八英畝，到漢密爾頓和他的家人繼承它時，土地面積已縮減至四四・四英畝，剩下的土地都被銀行、黑市交易和公然盜竊所侵占。該土地的所有權從未正確登記，漢密爾頓透過大量的法律和家譜研究，才為他本人和後代繼承者的土地權正名。他種植的樹木單單只有火炬松──他要透過永續林業，為家人創造可以世代相傳的長久財富。

大學生雷根・維特薩魯西（Reagan Wytsalucy）知道納瓦荷人（Navajo）的桃子園在 1860 年代幾乎（但並非全部）被美國軍隊摧毀。她靈機一動，試圖找到

餘下的桃樹，讓果園恢復生機。現在她正打造一個不屬於她個人，而是屬於納瓦荷人的收藏。

格陵蘭島上的樹木收藏同樣屬於公眾，印度有個小村莊為紀念女孩而種植的樹木收藏也是如此。這些努力超越了購買稀有和罕見樹木並據為己有的衝動，說明了收藏樹木可以採取多種不同的方式，根植於社群和文化價值。

我在撰寫本書時浮現了另一個問題：這些樹木到底是從哪裡來的？大多數的樹木收藏家在花圃或是苗圃購買樹木，就像尋常購買植物一樣。但也有像莎拉·馬龍（Sara Malone）這樣的收集者，透過樹木協會舉辦的交流活動或拍賣會購買罕見樹木。當植物學家們發現像是自毀棕櫚樹（*Tahina spectabilis*）這樣非常稀有或前所未知的樹種時，可能會組織保護計畫；有時為了籌集資金幫助保護野生樹木，計畫可能會包括出售插條或種子。他們鼓勵收集者將樹木種植在遠離自然棲地的地方（稱為異地保護，ex-situ conservation），作為一種備份，以防人類活動、災難或氣候變遷破壞原始樹種。

不過，仍有一些獲取樹木之法看起來魯莽、貪婪，甚至可以說是徹頭徹尾的剝削。2021 年 4 月，《華爾街日報》發表一篇題為「高淨值屋主的最新地位象徵：樹木獎盃」的文章（這並非真的是最新身分象徵：橫跨將近整個 20 世紀，每五年或十年就會出現一篇幾乎雷同的文章）。凡事追求最大、最好的富人們自有管道取得樹木，其中包括花費數十萬美元添購成熟的樹木安置到自家奢華的地景中。莎樂美·賈希（Salomé Jashi）在她的電影《總理的移動花園》（*Taming the Garden*）中記錄了這類收藏家的活動，並揭露了農村貧困家庭別無選擇，

為了一筆他們無法拒絕的金錢，放棄了心愛的樹木。

但並非每次移植樹木都是見不得人的行為：有時移植樹木是為了避開工程破壞，有時是為了騰出空間讓其他樹木能充分成長，又或者只是為樹木本身尋找更合適的地點。景觀設計師恩佐・埃內亞（Enzo Enea）在瑞士建造一座博物館，園中全是從建築工地搶救出來的樹木。我的一位朋友記得小時候有個男人敲門，想要買下母親前院的棕櫚樹。這是小院子裡一棵位置不佳的樹，他媽媽把樹賣給了對方，且很高興看到它搬家。

從世界各地偏遠森林收集種子是另一項議題。我與許多七、八十歲的樹木收藏家談過，他們記得幾十年前曾進行過幾乎不受監管的種子採集探險。但如今，植物採集者需要獲得許可，並遵守旨在保護脆弱生態系統的法規，確保來自富裕國家的收集者不會帶走他們從貧窮國家收穫的財富。這些協議有助於促進世界各地的公平、保護和資源共享。

為什麼要收集樹木？除了出於好奇心、欲望、美學、佔有欲、傳世或社群所需，親近樹木帶來的美好感受也是原因之一。日本森林浴（Shinrin-yoku）的做法就是每次花一兩個小時，用全身感官充分感受森林。這種做法能實際地改變體內的壓力水平和帶來愉悅感，降低皮質醇，並增加血清素。

樹木收集者知道這點。他們的思路是：如果親近一棵樹的感覺很好，那就想像被一百棵樹包圍的感受。

我希望這本書能啟發讀者植樹，不管是一棵、兩棵或是十幾棵都好。只是要小心——樹木可能會讓你欲罷不能。

樹的術語

植物分類學

分類學家會研究植物之間的遺傳關係,當他們有了新發現,就可能會對植物進行重新分類和命名。有些分類學家喜歡將幾個物種歸為一類,有些分類學家則喜歡將一個物種細分為多者。業餘分類愛好者經常將他們稱為「統合派和分割派」(lumpers and splitters)。

- 樹木的家譜樹

分類學家會將糖楓(sugar maple, *Acer saccharum*)的家譜樹如下列出:

界:植物界

門:木蘭植物門

綱:木蘭綱

目:無患子目

科:槭樹科

屬:楓屬

種:甘蔗種

- 物種 (種,Species)

一組具有共同遺傳特徵,並且能夠與該物種內其他成員繁衍後代的生物體。與許多學術術語一樣,物種這個術語並非毫無疑義:例如,某些植物可以

與不同物種雜交。植物的拉丁名或植物學名稱即是屬和種的結合，例如糖楓（*Acer saccharum*）。新物種會由國際植物分類協會負責認定和註冊。

- 亞種（Subspecies）

物種內的小型群體，可以與該物種的其他成員繁衍後代，但在其群體內中共享獨特的生理特徵，通常是出於地理環境上的區隔或是氣候條件的差異而形成。亞種的名稱會寫在縮寫 subsp. 後方，如下所示：黑糖楓 *Acer saccharum* subsp.*nigrum*。

- 變種（Variety）

物種或亞種內自然發生的變異，通常是值得注意的物理特徵（如花色）。令樹木收藏家感到非常沮喪的是，一個物種的變種經常被重新分類為亞種，反之亦然。例如，黑糖楓樹因其深灰色的樹皮而得名，有時被描述為 *Acer saccharum* var. *nigrym*。變種的差異通常在植物還是種子時就存在了，這意味著植物的後代將繼承這些特徵。

- 栽培品種（Cultivar）

栽培品種 cultivar 是「cultivated variety」的縮寫，是人類為了特定的理想特徵而培育的植物。栽培品種的種子並不會表現其特有的特徵，這意味著從種子萌生的植物與和親代並不相似，因此通常必須透過嫁接或插條才能複製繁殖。栽培品種的名稱會寫在物種名稱後面的單引號中，如下所示：*Acer saccharum* 'Green Mountain'。新的栽培品種會由該植物的國際栽培登記機構進行登記和認可，例如楓樹會透過國際楓樹協會註冊。一如其他發明，品

種也可以申請專利。

・選育品種（Selection）

具有某些理想特徵的植物樣本，例如生長速度更快或開花季節更早（試想牧場主人出於繁殖的目的選擇一頭特別優質的公牛）。種植者或苗圃可以透過複製選育品種，來提供較為優越的物種、亞種或變種。

・雜種（Hybrid）

兩個不同物種、亞種或變種的後代，名稱中以 × 表示，例如 *Acer griseum* × *saccharum*，該樹也以其栽培品種名稱「糖片」（Sugarflake）為人所知。

・芽變（Sport）

一種基因突變，導致植物的某個部位出現新的或不同的生理特徵，例如一棵樹的某個樹枝上出現雜色的葉子。

嫁接（Grafting）

透過將一株植物的細枝或幼芽連接到另一株植物進行複製。

扦插（Rooting）

將切斷的莖或嫩枝放入水或土壤中，使其長出新根，以複製植物。

雌雄同株（Monoecious）

可以在一個個體上同時產生雄花和雌花的植物，因此不需要有其他株植物在附近即可繁殖。像是樺樹和雲杉便是雌雄同株。

雌雄異株（Dioecious）

在不同個體上分別產生雄花或雌花的植物，因此兩株植物必須非常鄰近才能繁殖。楓樹和白楊樹就是雌雄異株。

樹木和灌木的區別？

樹木和灌木都有木質的莖，但樹木只有單一的莖或樹幹，灌木則會長出多個木質的莖幹。然而，有些灌木，如杜鵑花或山茶花，可能會長成小樹的形狀。一些熱帶植物，如香蕉，通常被稱為樹木，儘管它們高大的單莖並非木質的。

治療者
HEALERS

「種植果樹是一種
　非常簡單的方式
　　能讓我們去
　愛這個世界。」

劇作家

維維安・桂 *Vivian Keh*

聖荷西，美國加州

維維安・桂就讀耶魯大學戲劇學院時，撰寫了一部名為《冬日柿》（*Persimmons in Winter*）的劇本。「這個劇本是關於二戰和韓戰中倖存的韓國兩姐妹，」她說，「故事以我母親的經驗為基礎。她經歷了飢餓和戰爭那段非常艱難的日子。在故事中，我用柿子比喻這對姐妹。我一向認為，樹木能在冬天結果這件事是非常神奇的。」

2012 年，她和丈夫搬到聖荷西（San Jose）郊區，住家佔地四分之一英畝，在此她種下第一棵柿子樹。柿子可以根據有無澀味分為兩類；她種植了無澀味的「富有柿」（Fuyu）和有澀味的「西條柿」（Saijo）兩個品種，前者產出扁平、矮胖的果實，在果實還堅硬時即可食用，後者需待完全成熟才能食用。「這些都是我的長輩們所熟悉的，」她說，「你從市場把它們帶回家，然後等到它們變軟才吃。這是他們小時候的記憶，是他們的零食！他們也會把柿子曬乾，滲出的糖分會在柿子表面形成一層糖霜。那是一道珍貴的美食。在挨餓時，能吃上一口甜食對他們來說意義重大。」

維維安回憶道，在韓國文化中，柿子是佛教轉變的象徵，人們會在慶祝活動中分柿子吃，並放置在祭壇和墓前，用以紀念死者。但對她來說，柿子象徵著她與自然和家人的連結。她一棵接一棵地種下各種果樹，現在總數

已經達到五十棵，包括柑橘、榲桲、杏子和歐楂。歐楂是蘋果的近親，果肉要軟到幾乎腐爛才能食用。她的核心收藏是柿樹，也是她家庭果園中的精神力量。

「在我種植的西條柿樹周圍發生了一些特別的事情，」她說，「它的周圍帶有能量，讓我感覺我和我的祖先，以及某些我不認識、甚至被遺忘的人具有某種連結。我所知道的是，在那棵樹周圍散步時，會讓我有非常好的感覺。我和它交談，向它表達感謝。」

與這些樹木共同生活的經驗能幫助她思考過去，以及某些令她難以理解的低語回憶。「我認為也許幾個世代之前，他們必須做出一些艱難的選擇，像是決定該救兒子還是女兒？我認為，大概是在我曾祖父那一代，曾有兩個女孩被留下來等死。雖然我不知道她們的名字，但我仍舊想著她們。因為這很重要。當我和那棵樹說話時，我也在和她們交談。這聽起來有點瘋

狂，但你知道，那枝椏，所有這些外來植物的原始枝條都來自亞洲，現在與我一起齊聚在我家後院。」

每年冬天，當柿子成熟時，她都會把柿子裝箱寄給親戚。「身為移民後代，人際關係可能會變得複雜。我覺得我可以透過給長輩他們喜歡的水果來表達我的愛。水果讓我和他們保持聯絡。現在寄一盒給我媽還不夠，她想要更多！我現在每年都會寄給她三盒。」

此外，種樹還讓她接觸到熱情的果樹種植者社群。「你看到這些寫著『內向但願意討論書籍』（'Introverted but willing to discuss books'）的上衣了嗎？這講的就是我。個性雖然內向，但是我願意與人討論果樹。」每年，她都會與其他果樹愛好者見面，交換接穗木（scion wood），也就是嫁接用的細樹枝。得益於這些交流，她將多達十五個柿子品種嫁接到一棵樹上。

「我喜歡從小樹開始，修剪它們，一路相伴，」她說。「它們和你一起成長，在你的幫助下活出潛能，長成美麗的形狀。我想和這些樹一起變老，所以我把樹冠壓得很低，希望到了八十多歲還能繼續收割果子。果樹真是太神奇了——我們小微的付出便能得到它們不成比例的回報。」

最近，這種良好的感覺比以往任何時候都更形重要。「現在社會上發生好多讓我反感的事，」她說，「我們看到針對亞裔的仇恨犯罪，每每都會覺得沮喪。但收割這些柿子、把柿子放在砧板上切開……我感到無比的喜悅，甚至開始唱歌！柿子真的會讓我情不自禁地高歌。種植果樹是一種非常簡單的方式能讓我們去愛這個世界。」

「這些樹木已經呈現出
與之相連的人的個性。」

紀念者

琳達‧邁爾斯 *Linda Miles*

內瑟頓，英國

七〇年代中期，琳達‧邁爾斯和丈夫在赫里福德郡（Herefordshire）買下一塊土地，當時那一帶全是農田。「一棵樹也看不到，」她說，「但一位熱愛樹木的朋友搬走時，留了一些稀有的針葉樹苗給我們照顧。所以我們開始在土地上騰出空間種植一些樹。」

過了好一陣子之後，他們才意識到當初收到的樹苗是多麼珍貴的禮物。「有一回我們參加楓樹協會之旅，導遊指著一棵喬松（Bhutan pine）說，『這種樹非常罕見。』那時我想，『哦，這樹我們家有十五棵。』」

漸漸地，他們開始在十三英畝的土地上種植稀有且特別的針葉樹和楓樹。他們撫養四個孩子並全職工作——邁爾斯是一名地理和地質老師，她的丈夫提姆是一名混凝土工程師——但只要有辦法，他們就會到歐洲和日本四處旅行，尋找樹木。

「我們種下五十多種楓樹，全部都是從種子開始種植的，」邁爾斯說。「中國的血皮槭尤其精緻，有肉桂色的樹皮和篝火紅的葉子。我仍在尋找出自中國的花槭，它在夏天會結出紫紅色的果實，但很難從種子開始培育，我從來沒有成功過。」

樹木收藏新手常犯的錯誤是將樹木種得太過靠近彼此，但邁爾斯反其道而行。「我真心想要欣賞每一顆樹。人們習慣觀看叢聚的樹木，我也知道這樣可以呈現出奇妙的色彩，但我就是喜愛樹木的自然外觀。我將它們分開種植，讓它們可以長成自己的形狀。除非樹枝枯死，不然我們完全不進行修剪。」

琳達的樹林裡，所有樹木都鬆散地形成島嶼般的形狀，寬闊的林間小徑佈滿綠草，當她漫步其中，心中想的並不是某棵樹的稀罕程度，而是與之相關的人。

「我們初次造訪此地時，適逢摯友米歇爾在車禍中喪生。我們因此停止看房大約三週。不過，後來我們搬過來時，我們第一棵種下的樹，是棵非常美麗莊嚴的黎巴嫩雪松，以此紀念米歇爾。他的孩子曾過來看過這棵樹。這棵樹現在已經長得很大了，水平展開的枝椏很優美，讓我們想起了他。」

在她種下第一棵紀念樹時，就已經為眼前這群樹木奠定了基調：每棵樹都是為了標示某個時刻、慶祝某個里程碑或紀念所愛而種植的。「每棵樹都聯繫著一種想法，」她說。「我們有四個孩子、他們的配偶再加上十個孫子，他們每個人都有一棵樹作為代表。這些樹木已經呈現出與之相連者的個性，這點總讓我感到有趣。我的媳婦們個性堅強、充滿活力又美麗，代表她們的樹也是如此。我喜歡出門看樹，而樹木對我報以微笑。」

植樹的藉口可以是任何事：多年來，他們邀請來訪的友人們種樹。邁爾斯用花盆將樹帶到教堂作為婚禮的點綴，讓新人在婚禮結束後將這些樹種下。琳達的女婿在兩棵巨大的針葉樹間為孫子們建造了一座樹屋。現在，朋友、家人和鄰居之間發展的友誼，都透過樹木相連。

「千禧年時，我女兒和大學朋友們來到這裡慶祝新年，那天傍晚他們盛裝打扮，決定要種一棵樹。於是我們手持火把去到了我認為合適的地點，讓他們種下這棵千禧樹。如今，二十二年過去了，這是多美好的一件事。他們當中有些人還會造訪此處，為他們的孩子種樹。」

邁爾斯的丈夫於 2002 年去世，在過去二十多年裡，她獨自一人繼續植樹。「在他去世後的頭幾年，我沒有什麼做事的動力。然後我想：好吧，就繼續下去吧。我把這句話當成案頭名言：『種樹的人著眼於明日，而非今日。』」

「他把我拉到一邊，
　　輕聲說……
『我不知道世界竟能
　　如此美麗。』」

樹木治療師

雅努斯・拉德基 *Janusz Radecki*

普魯什茨，波蘭

雅努斯・拉德基的樹木收藏不在家中，也無法在公共植物園裡找到。他的收藏種植在波蘭北部，一家位於寧靜的戈烏什齊（Gołuszyce）村的療養院內，該療養院專門為慢性精神疾病患者服務。

他是訓練有素的美術家，曾經營五年的繪製招牌生意，但後來生意下滑。「無論是畫招牌還是繪畫都接不到訂單，我只能另尋工作，」他說，「我的妻子在療養院工作，她向管理階層推薦了我。」

他一邊從事行政工作，一般教授美術。「不幸的是，療養院裡喜歡這類活動的人並不多，」他說，「但有一群住戶非常喜歡在我們的院子裡散步。」他原本就熱中園藝。在幾個朋友的幫助下，他為住戶制定了園藝治療計畫，這是波蘭療養院首次引入此類計畫。「園藝療法可分為主動和被動兩種型態。我兩者都做，儘管我更強調主動面向。我們的治療方法是親自照顧植物——我們耙梳落葉、植樹、澆水、除草。」被動面向也很重要：「患者能夠被美麗的植物包圍，這點事實的重要性也不可小覷。科學證實，被綠色植物包圍可以讓人心理感覺更舒服。」

這項計畫並未立即取得成功。管理階層並不支持這個想法，當拉德基在

1990 年代開始工作時，園藝療法的研究尚不多見。還有員工偷竊並販售新種植的樹木。「我們過了五年才解決問題，並製定良好的計畫。」他說。

他找上植物育種者和苗圃業主，對方很樂意為計畫提供有趣且不尋常的樹木品種，其中許多樹木在波蘭其他地方都找不到。紐西蘭的木蘭育種家萬斯・胡珀（Vance Hooper）引進了花期特別長的「精靈」（Genie）木蘭品種。「大多數木蘭的花期只有幾天，」他說，「但這種黑櫻桃色、甜菜色的木蘭會在春天開花九週，然後在 8 月還會再次開花。」

美國楓樹育種家施密特（J. Frank Schmidt）提供的美國紅楓樹（*Acer rubrum* 'Redpointe'）生長速度很快，在秋天會呈現出異常火紅的顏色。其他種植者提供了山茱萸、開花櫻桃、杜鵑花和金縷梅。拉德基試圖為住戶安排一整年的活動——或者盡可能接近全年，只要波蘭嚴寒的冬季允許——而他的當務之急是收集從早春到深秋都能展現鮮艷、壯觀花朵和樹葉的樹木。

現在，他種植的樹木和灌木的面積已經超過八英畝，由住戶負責照顧。要處理的事情很多——這點正是該計畫的過人之處。「波蘭還有另一個機構擁有你夢寐以求的一切，但住戶只能從旁觀看，」他說，「他們的住戶並不經手植物，不像我們那樣自己照顧植物。我有一位擔任職能治療師的朋友住在紐約附近，他羨慕我們可以親自照顧植物，沒有外人強制。我認為我們的療養院與其他療養院的不同就在於自由，我們可以自己決定要種什麼、在哪裡種植以及種植的規模多大。」

僅是靠近樹木，也會促成住戶的轉變。拉德基記得一名年輕人被法院勒令轉介到該機構。他不想走出戶外踏青或參與任何活動。但他最終同意參加

前往羅古夫植物園（Rogów Arboretum）的旅遊，該植物園在療養院南方，距離約三個小時車程。

「我看到這個年輕人咧嘴在植物園裡走來走去。可見這個地方給他留下了多麼深刻的印象。然後他把我拉到一邊，輕聲說：『非常感謝你。我不知道世界竟能如此美麗。』這是我最成功的治療個案之一。」

「看看我們失去的多少土地
以及經歷的種種——
這一切都非徒然。
因為現在這地方
是屬於孩子們的。」

合法繼承人

喬‧漢密爾頓 *Joe Hamilton*

綠塘，南卡羅來納州

喬‧漢密爾頓記得曾在等待校車時，見到伐木卡車駛過。「巨型卡車呼嘯而過，我好奇如何能將樹木裝上這些卡車？直到幾年前，我才意識到那些樹木是火炬松。而現在我所住的地方，窗外都是這些松樹。」

漢密爾頓在他父親繼承的土地上長大。「我的父親是一名帶狀耕作（row crop）農民，他也在別人的農場工作，有點像是佃農，」他說。那時漢密爾頓還不知道，這塊家族代代相傳居住的土地，從未擁有明確的財產所有權。這種被稱為繼承人財產（heirs' property）的安排方式，對於從黑奴祖宗手中繼承土地的家庭來說一直是個特殊問題。

漢密爾頓年輕時從未有人向他解釋情況。「在我只有五、六歲的時候，一個男人騎著馬來和我父親說話。他說，『好吧，史蒂夫，你知道，如果我們能把這個地方重新整合在一起，會是個好主意。』我不知道他所謂的重新整合在一起是什麼意思，那時我爸爸只是說，『嗯，不，先生、老闆，我不知道這是否算是件好事。我不知道我的孩子們會怎麼接手，但我會堅持下去。』」這個謎團一直持續到漢密爾頓成年後，他開始收到當地的財產稅繳納通知。「信封上始終寫著財產所有人收。你看！連郡政府也不知

道到底誰擁有這塊土地？最終，我妻子說我們必須解決這個問題。」

當地的非營利組織「繼承人財產保存中心」（Center for Heirs' Property Preservation）旨在幫助南卡羅來納州這樣的家庭，整理正式獲得土地所有權所需的複雜文書工作和大規模研究。他們也支持希望利用土地從事永續林業的土地所有者。對許多個案來說，這是使用該筆農村土地的最佳方式：該州三分之二的面積都是森林，木材是當地最重要的產業。如果做得好，永續林業可以保存生物多樣性，減少碳排放，並有助於減少世界各地野生森林和叢林的伐木需求。

但在漢密爾頓能想到這些之前，他必須先釐清父親與這塊土地的複雜歷史。「我再度陷入愛河，」他說。「妻子是我的初戀。歷史則讓我再度陷入愛河。」

他最終認識到，自己和其他親戚共同繼承的四十四英畝土地曾經是他曾祖父史蒂芬・坎寧安（Stephen Cunningham）所擁有的八百八十八英畝大筆土地的一部分。「在進行研究、試圖釐清所有權的過程中，我們發現的最後一份已知稅務文件，是針對三百四十五英畝的土地稅收。也就是說，奴隸主把八百八十八英畝的土地交給了我的曾祖父，但他沒能保住。」

漢密爾頓回顧那段歲月，試著想像祖先必然的遭遇。「奴隸制結束後迎來了可怕的重建時期（Reconstruction）。坎寧安過去總被告知該去哪裡、該做什麼，他的日子掌控在他人手中，就像一名囚犯一樣。現在，奴隸主將這筆財產轉讓給一個曾經被視為財產的人，而他不知道該如何處理。他不知道該怎麼做，於是他失去了土地。他試圖用土地換取一頭母牛和一頭小牛，賣掉部分土地，然後抵押了一些土地維持農作。但如果你沒有生產農作物，

你就違約了。就這樣，他又失去了一些土地。」

如果史蒂芬·坎寧安成功保住了三百四十五英畝的土地，後來又發生了什麼事？漢密爾頓不確定。「我們擁有四四·四英畝。我的最終目標是確保我們能緊緊守住這塊土地。我知道很大一部分土地被奪走了。但我無法證明這一點，多年來的研究已經讓我筋疲力盡，我能做的就只有這些。我很想取回一切，但現在這樣已經很好了。」

透過研究，他瞭解到奴隸制最強力的捍衛者、參議員羅伯特·巴恩韋爾·瑞德（Robert Barnwell Rhett）所擁有的土地現在與他的土地接壤。「如果他還活著，」漢密爾頓說，「我們就是鄰居了。」

現在，確立所有權後，土地已正確地分配給繼承人，漢密爾頓可以將注意力轉向他那部分土地的長期木材管理計畫，種植快速生長的火炬松，生產優質木材、製成電線桿和建築托梁。

大多數樹木收藏者都好奇有誰會想繼承他們的收藏？但這樣的收藏——不斷地繞著種樹活動打轉——是專門為了打造代代相傳的財富和世代傳承。漢密爾頓的成年子女已經在職業生涯中站穩腳步，他現在是為孫輩著想。「我只是希望他們與這片土地有所聯結。無論他們從事何種工作，我都希望他們知道這是他們的地方。看看我們失去了多少土地以及經歷的種種——這一切都非徒然。因為現在這地方是屬於孩子們的。」

「我未能給孩子命名。
我想為一棵樹命名。」

樹木之母

瑪麗‧諾亞爾‧布韋 *Marie Noelle Bouvet*

伊普斯威奇，英國

當瑪麗‧諾亞爾‧布韋一家從法國搬到紐西蘭時，她只有七歲，還不會說英文。「老師要求我從雜誌上剪下圖片並註明英文單字。我製作了一本漂亮的剪貼簿，它成為我的第一本字典。」

此後，收集圖像就成了布韋的嗜好。「我收集貼紙和明信片，然後還有徽章和別針，就這樣收集了一盒又一盒。長大後，我對這類收藏沒了興趣，轉而開始收集衣服。每種面料和顏色我都想要。」

但所有這類收藏最終開始讓她感到疲憊不堪。「你該拿三百雙鞋做什麼？你沒辦法都穿在腳上。我的好奇心有待滿足，也想享受尋找的樂趣。但所有這類事情都只能提醒你先前去過哪裡、做過什麼。我想要的是能將我與未來而非過往相聯的事物。」

一盆被遺棄的日本楓樹幼苗給了她答案，這是她和丈夫租賃公寓的前房客留下的。「我們每回搬家都帶著它，」她說，「直到我們終於找到三分之一英畝大的地方，就地把它種下。」第一棵樹就是改變的開始。她和丈夫因為無法生育，失落了好一段時間。但她有種預感：植樹會幫助她走出悲傷。她在第一個花園裡種植了五十棵日本楓樹，滿心歡喜地培育它們。但

問題來了：她不知道這些樹的名字，也無法辨識。「我們最終搬到了一塊十九英畝大的土地上，我告訴自己，我不要收集一棵不知其名的樹。我必須記住它們。我會在坐車、睡覺或遛狗時說出它們的名字，並試著對應該樹本身。就像在讀咒一樣。」

如今，她收集的樹木數量已經來到四千棵，包括約六百五十種楓樹。「但凡哪科植物的名字上掛著楓屬（Acer），我都必須得到它。」

她住在英國靠近諾福克和薩福克邊境的伊普斯威奇（Ipswich），獸醫的工作讓她少有機會離開當地去尋找罕見的楓樹。但身為獸醫也有好處，「我必

須進口藥品，所以我對海關文件非常熟悉，」她說，「我開始進口楓樹，並出售多餘的楓樹。」

現在，她希望自己能推出新的楓樹品種。「種下一棵楓樹種子，長出來的樹永遠不會與母株完全一致。你無法預期收穫。我不斷播下種子，尋求令人驚嘆的結果。我想著自己會如何為它命名？我未能給孩子命名。我想為一棵樹命名。」

引進新樹品種的過程有其規章，需要在楓樹協會等國際組織註冊。有些人會進一步為植物申請專利或商標。布韋希望有一天能透過自己的某株樹苗做到這一點，但在那之前，她非正式地為部分樹苗命名。

「這些樹對我來說已經像是家人，」她說，「它們填補了我生命中因為沒有孩子而留下的空白。有人曾經對我說，如果我認為一個女人會因為未曾生育而不能或永遠無法成為母親，這是一種『太過死板』（sterile-minded）的想法 [2]。這種說法引發了我內心深處的共鳴。我最抗拒的就是死板。這就是我種植所有這些幼苗的原因：我把它們視為家人。」

---

[2] 譯注：英文原文 sterile 也有不孕之意。

「我希望有人能在我心裡
　　為我這麼做。」

補葉人

艾帕娜・維吉 *Alpana Vij*

新加坡

收集樹木需要一定的土地。那麼收集葉子呢？只佔用書架或牆上的一點空間。數個世紀以來，植物學家和博物學家都在書頁之間壓入葉子標本。業餘收藏家可以成立一個私人植物標本室，據以保存、裝幀和分類樹葉。樹葉收藏甚至可以成為一種藝術創作。

視覺藝術家艾帕娜・維吉在新加坡的住家周圍收集樹葉。「2016 年，我開始散步並撿拾落葉。這幾乎就像是種靜觀步行（walking meditation）。這項任務讓人沉浸在自身之中。自我得以休息，想法就會自然浮現出來。這使你得以捕捉生命之流。」

接著，她開始注意到拾回的葉子上有些微損傷：昆蟲留下的洞、破口、裂縫、斑點和瑕疵。「我感受到的召喚，是去修補那些葉子，重新縫合，」她說。她是一名畫家，之前從未做過針線活。她找到一家提供包金日本絲線的供應商，開始在葉子上製作微小而複雜的補丁。

「我對佛教的空性（Śūnyatā）概念很感興趣，雖然大致可以翻譯為『空』（emptiness），但它真正要傳遞的教導是：沒有任何事物能夠永久或獨立的存在。事物僅存在於彼此的連結中。以種子為例，我們知道植物會從中生

長，但實際上是土壤、陽光、雨水……匯集一切，才讓種子長成了樹。種子先是長成樹苗，然後成為大樹，就是這種持續不斷的變化，讓我們看出沒有任何狀態是永存的。事物總是在變化中。」

她也被日本「侘寂」主義（wabi-sabi）與金繼藝術（kintsugi）所吸引，前者觀看和欣賞不完美；後者則用黃金修復破損的陶器，視修補過程為該物品歷史的一部分。

她精確修補葉子的手藝帶來炫目的光彩。很難想像人的雙手能做出如此精緻的修復，一針一線傳達出驚人的溫柔。有些葉子過於脆弱，她便會用另一片葉子先做個小補丁，然後將兩片葉子結合在一起。

她將葉子裱貼在自己製作的紙張上，或是當地混凝土製造商製作的混凝土塊上，然後將它們密封在不受外在氣候條件影響的框內。每一張都以發現葉子的日期和道路為標題。這些作品會在新加坡和她的出生地印度的畫廊展出。

雖然她只收集落葉，但她確實開始注意有些仍留在樹枝上的葉子也有損壞。「我開始在散步時隨身攜帶針線，修補樹上的葉子，」她說。這些微小而脆弱的藝術品將留在她發現它們的地方，懸掛在樹枝上。「我從未說過它們的位置，但我的一些朋友會在 Instagram 上看到並前去尋找。」

維吉認為她的藝術創作是在研究脆弱、力量和相互連結。「把一片葉子帶回家清洗、浸泡、乾燥、修補，是一種非常療癒的活動，」她說，「我有個朋友說，『我希望有人能在我心裡為我這麼做。』」

如何收集樹葉

1. 選擇收集主題

收集路上每棵樹的樹葉

只收集橡樹樹葉

只收集單一棵樹的樹葉，持續一整年

只收集單色的樹葉

2. 收集樹葉

取得許可並瞭解當地法規

清除樹葉上的灰塵與蟲子等等

記錄收集樹葉的—
種類／地點／時間

3. 重壓並乾燥葉子四到六週

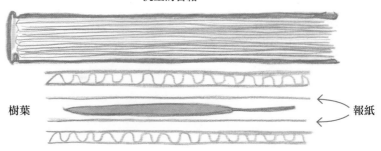

沉重的書籍

樹葉

報紙

透氣、有助於去除水分的瓦楞紙板

4. 裱貼與標籤

選擇內頁光滑磅數重的素描本

蠟紙

用刷子或海綿在葉子背面塗抹澆水

選擇內頁光滑磅數重的素描本

生態學家
ECOLOGISTS

「你無法想像從來沒看過
一棵樹是怎麼回事。」

北極樹藝家

肯尼斯·霍伊 *Kenneth Høegh*

納沙斯瓦哥，格陵蘭

肯尼斯·霍伊在一個沒有樹木的地方成長。「當我十三或十四歲時，我在圖書館找到一本關於格陵蘭農業的書籍，當中只有一小部分提到植樹。我問父親，我們是否可以種一棵樹？而他總是非常支持我想做的任何事情。所以他向農業站尋求協助，後者為我們找來四棵西伯利亞落葉松。」

格陵蘭島位於北極圈內，其極地氣候直到最近才適合樹木生存。能夠在格陵蘭島南部存活的稀疏森林已被砍伐以獲取木材，而它們所在的土地則被用來放牧。霍伊是歐洲和格陵蘭—因紐特混血家庭的兒子，在南部城鎮納薩克（Narsaq）長大，他記得那裡的羊群會在城鎮裡漫步，自由地吃草。「在我們的花園裡要找到一棵樹來培育不是件容易的事，」他說，「我們的環境裡就是缺乏樹木。你無法想像從來沒看過一棵樹是怎麼回事。」

他在哥本哈根大學學習農業，並撰寫了一篇關於格陵蘭島植樹主題的碩士論文，該論文促成了植物研究小組定期進行夏季樹木採集考察，目標是找到在北極林木線附近生長良好的樹木——北極林木線就是樹木可以生長的最北邊界。阿拉斯加、英屬哥倫比亞、曼尼托巴和西伯利亞都提供了有趣的可能性。

霍伊曾擔任農業顧問和外交官，代表格陵蘭島前往美國和加拿大，但他夏季仍留在家鄉繼續進行與樹木相關的工作。他參與協助在納沙蘇瓦克（Narsarsuaq）打造格陵蘭植物園，該植物園如今佔地三百七十英畝，擁有超過一百二十五種樹木和灌木的物種、亞種和栽培品種。因為氣候暖化延長了樹木的生長季節，使得在格陵蘭島南部各地打造樺樹、落葉松和針葉林森林變得可行。

如今，包括雪松太平鳥（cedar waxwing）和田鶇（fieldfare）在內的鳥類開始遷入這些森林，整個生態系統圍繞著樹木變得生意盎然。霍伊和同事尚不知道該植物園會用來進行植物研究、木材生產、碳封存、野生動物保護區還是公園。「這要由下一代來決定，」他說，「我們正邁出第一步，那就是找出格陵蘭島能種植何種樹木。」

植物園已經做到了一點：格陵蘭人能夠到此置身於樹林之中。「樹木讓生活變得宜居，」他說，「我們生活在沒有樹木的地方。然而，當人們走進森林，感受森林的一切氣味，聆聽風吹拂樹木的聲音，那會讓他們感覺到多麼地幸福。現在他們想在自己的花園裡種一棵樹，而我們可以告訴他們何種樹木能在此地成長。這是一件美好的事。」

「在自己家裡擁有一片森林對任何人來說
　都是極致奢華。」

微型森林工程師

舒本杜・夏爾馬 *Shubhendu Sharma*

北阿坎德邦，印度

舒本杜・夏爾馬前半生致力於成為一名工程師。然而，就在他開始心心念念的工作六個月後，他在班加羅爾（Bangalore）的豐田汽車工廠遇到一位植物學家，自此改變了他的人生軌跡。

其實早在他與對方見面之前，他就覺得自己選擇的職業道路有些問題。「我的工作屬於供應開發領域。我們的角色是去瞭解輪胎或螺母螺栓等小零件的整體製造過程。我們會去找供應商，然後去找他們的上游供應商，直到找到原物料來源。我開始發現，幾乎一切事物都源自於自然資源，而最後，都被丟進了垃圾場。除了垃圾場之外無處可去。」

工程師從系統層面進行思考，畫出一系列的步驟邏輯並推導出結果。考量汽車製程中的每一步之後，他得出的理解令人深感不安。「我們每年生產一千萬輛汽車是為了造福人類嗎？還是因為我們想保住工作、讓機器持續運作？因為有一天，也許是一百個世代之後，將不再有任何自然資源可供生產，並且最終全都會進入垃圾場。」

就在那時，他遇見日本植物學家宮脅彰（Akira Miyawaki），後者受豐田公司聘用，在班加羅爾的工廠園區內種植一座微型森林。「我的上司說有個日

本人來演講環境相關議題，」夏爾馬回憶道，「那天他心情不太好，就諷刺地說，『那種議題有誰會想去參加呢？』那時我工作很忙，想休息一下，就回應說我會出席。」

宮脅在演講中解釋了他如何在一小塊空地上，種植茂密、快速生長、自給自足的森林。儘管微型森林的尺寸一般來說大抵相當於一個網球場，但幾個停車位大小的區域也可以做到。他的想法與夏爾馬開始質疑的工業生產週期，形成了鮮明的對比。

「如果你今天種下一片森林，並在開始的兩到三年間幫助其生長，之後你離開二十年再回頭看，就會見到該地生機勃勃，」夏爾馬說，「任何其他行業都不會發生這種情況。為什麼？因為當你在森林中工作，你與大自然一起，而其他行業都在不斷對抗自然。如果要讓物品免於腐蝕，就要不斷打磨、塗漆來維護它。為什麼？因為腐蝕是自然現象。你必須對抗它。」夏爾馬自願協助宮脅在豐田園區植樹造林。該方法已經過嚴格測試和系統化。首先是在土地上大力培育土壤微生物，接著密集地種植當地的本土物種。除了最初幾年有賴厚重的土壤覆蓋物和少量水分，之後就不再需要給予這片森林其他任何東西。植物的根部會形成巨大的網絡，樹木會迅速生長，只消幾年時間，森林將變得茂密不已，成為昆蟲、鳥類和其他野生動物的理想棲地。

夏爾馬看到這種方法如何實際應用後，也在家裡做了嘗試，在自家後院種植了一片微型森林。「這比做其他任何事情都快樂得多。我無法擺脫這個想法，這是我餘生都應該做的事情。」

2010 年，就在夏爾馬與宮脅決定性的會面的三年後，他辭去了工作。如今，他在世界各地種植微型森林，教導人們如何在自家後院如法炮製。由於他的工作，北美、中美洲、歐洲、中東和印度的四十四個城市中，至少種下了四百五十萬棵樹。夏爾馬強調，像宮脅這樣種植微型森林，並不能取代保護古老野生森林的重要性。他所做的不是林地復育（reforestation），而是植樹造林（afforestation）——也就是在目前無樹的土地上種植森林。不過這些微型森林，無論是位於企業園區、城市公園、高速公路、機場周圍未使用的區域，還是某戶人家的屋後，仍然可以像天然森林一樣發揮作用，不管是給野生動物一個家、碳封存或是水土保持。

微型森林也起著美觀的作用，尤其是位於居家後院。即使是微型森林也會隨著灌木和小樹的消失以及樹冠較大的樹木成熟而逐漸演變。落葉會形成新的覆蓋層；小小的果實和堅果吸引了野生動物；鳥兒築巢，毛毛蟲蛻化成蝴蝶。這是一幅不斷變化的自然全景。他說道，「我認為在自己家裡擁有一片森林對任何人來說都是極致奢華。」

如何打造微型森林

經由舒本杜・夏爾馬系統化改造後的宮脅法：

1. 調查當地森林中的本地物種。

2. 在當地苗圃採購樹苗或購買當地森林產出的種子。

3. 挖土至少 90 公分深，摻入當地採購的材料（例如：糞肥、稻殼和椰子纖維）以增加營養、孔隙和保水性。

4. 為土壤接種從花園中心購買或現場培養的微生物。

5. 密集種植：約每 0.18 平方公尺種植一株樹苗

6. 鋪上厚重的覆蓋層。

7. 置之不理是為上策。最初幾年可以根據需要進行澆水和除草。

「如果我一搬進去
就種出一片叢林，
鄰居會報警舉發我。
我必需慢慢做，
偷偷來。」

棲地建造者

唐‧馬奧尼 *Don Mahoney*

里奇蒙，美國加州

1996 年，唐‧馬奧尼在灣區買房時，屋旁就是一塊空地。「如果我一搬進去就種出一片叢林，鄰居會報警舉發我，」他說，「我必需慢慢做，偷偷來。」

身為舊金山斯特里賓植物園（San Francisco Botanical Garden）的園藝經理和規劃者，馬奧尼對於該如何暗中對這片土地下手有很多想法。空地上已經有一棵核桃樹，還有一堆野生黑莓和常春藤，他必須先清理掉這些。

然後，他開始盡可能密集地種植樹木。「那時我還未曾聽說宮脅法，也就是日本人在狹小的空間裡密集種植森林的方法，但那正是我在做的事情」他說。

他開始為這片土地添上罕見樹木。他種下一棵猴手樹（*Chiranthodendron pentadactylon*），這是一種與木槿相近的墨西哥原生植物，開著鮮豔的紅色花朵，雄蕊呈五指狀。他還種了一棵稀有紅杉，葉子呈藍色，與藍雲杉相似。另外還有柳樹和雛菊樹（*Montanoa grandiflora*），嚴格來說，後者稱不上是一棵樹，而是一種大型木本灌木。「它能長的跟樹一樣大，」他說，「這種植物生長在墨西哥，就在帝王蝶過冬那一帶。」打從一開始，這就是他收

集樹木的目的：吸引昆蟲、鳥類和其他野生動物。「樹木是棲地的支柱，」他說，「我不打算種那些已經隨處可見的普通樹種，這都是為了生物多樣性。」

他的靈感來自英國人在田野和牧場之間種的樹籬。「它們看似凌亂，但實際上得到滿多的維護。你必須每五年砍掉五分之一的樹籬。如果不這樣做，

它們就會漸漸衰敗，生物多樣性也會跟著降低。對於喜好生機的昆蟲來說，它就失去了價值。」這意味著他必須狠下心來砍樹，無論他有多麼喜歡它們。「我總是在尋找接下來需要削減的內容。我會四處走動，並說：『好吧，今年這一小片樹林要騰出一些空間。』但是七十四歲的我不能再爬樹了。一家樹木公司每年會來兩次，替我完成這些事。這地方看上去像是未開化叢林，卻需要大量的維護工作。」

馬奧尼的方法贏得了鄰居的支持，他們會特地走過來看看他打造的棲地裡有什麼。「它們都種在靠馬路的那側，」他說，「歡迎任何人來一探究竟。」從植物園退休後，他用一本日誌記錄多年來鳥類和昆蟲數量的變化。「光是柳樹就能產出大量的花粉，」他說。「我在那塊土地上見過以採集花粉的昆蟲為食的鶯、雀和麻雀。去年聖誕節我記錄了二十二種鳥類。蝴蝶和飛蛾會在我種下的俄勒岡橡樹（*Quercus garryana*）上產卵。我已經發現了十種原生蜜蜂。這些生物週而復始，帶來年復一年的變化。透過追蹤這裡發生的事情，我學到了很多東西。」

「種樹是一項從種子開始
　著眼的長期議題。」

種子收藏家

迪恩‧史威夫特 *Dean Swift*

阿拉莫薩，美國科羅拉多州

樹木的種子收集起來特別困難。樹木種子成熟的時期非常短暫，而且每年都有些微不同。它們可能會緊緊黏在最高的枝頭上，難以觸及。此外，種子也是鳥類和小型哺乳動物的珍貴食物來源，因此競爭非常激烈。

迪恩‧史威夫特從小就開始收集種子，他在父母位於丹佛附近的苗圃工作。「我父親喜歡探索山區和鄉村，所以我們會收集種子，尤其是針葉樹毬果。」二十五歲那年，他搬到科羅拉多州南部一個「鳥不生蛋的地方」，在那裡他收集了針葉樹和本土野花的種子。每年，他都會向選定的種子公司、苗圃和聖誕樹林場發送單頁的產品清單。「基本上，這是一個很小的圈子，」他說，「他們都認識我，我也認識他們。我的完整郵件清單上大約有三百個名字。」

White fir, 白冷杉
(*Abies concolor*)

表面上單純的目錄郵寄，背後卻有賴複雜的操作。史威夫特專門管理出自亞利桑那州、新墨西哥州、科羅拉多和南達科他州的冷杉、雲杉和松樹種子。他依照季節雇用種子採集員，並親自

Ponderosa pine, 黃松
（*Pinus ponderosa*）

訓練所有人。「這算是種家庭傳統，」他說，「如果連小孩都納入計算，這就是五代傳承的工作。」並非所有的工作人員都需要爬樹，「在歐洲，人們需要爬樹收集種子。在北美的我們則非常幸運，樹上有紅松鼠這種小動物。9月份毬果一成熟，牠們就準備好上樹採收，永不出錯。我見過牠們從一棵樹上取下毬果，然後再等一週，才向旁邊的另一棵樹下手。」

松鼠將毬果藏在森林四周，史威夫特和團隊人員則將它們找出（這並不會剝奪松鼠冬季食物供應：牠們收集的食物遠遠多於人類競爭對手所能找到的，而且牠們還有其他的食物來源）。史威夫特會利用陽光曬乾收集而來的毬果，「在太平洋西北地區，人們使用天然氣或燃油加熱窯爐來乾燥毬果。但在科羅拉多州，我只需要用粗麻袋將它們裝好，然後置於戶外。這就是我的太陽能烘乾機。」乾燥後的毬果會在金屬絲網篩分機中翻滾，甩出種子，然後重力分離器會篩選出能萌發的種子。

他會按照物種和地區細心地為種子貼上標籤。「我們現在很看重遺傳生態型，」同一物種在不同地區間的微小遺傳變異被稱為生態型（ecotype），史威夫特說，「舉例來說，我們在亞利桑那州北部收集的藍雲杉生長速度稍慢，但它的藍特別出色，並且

Blue spruce, 藍雲杉
（*Picea pungens*）

相形之下，它在春天稍晚一週左右才開始生
長。因此，在春季仍會出現霜凍的地區，種植
這種藍雲杉的效果更好。優秀的育種者會知道
當中的差異。」

生態型之間的微妙區別，可能有助於識別更能
對抗氣候變遷的樹木。「種樹是一項從種子開
始著眼的長期議題。你不能根據當下的情況去
種樹。你必須將三十年後的氣候納入考量。」

Douglas fir, 花旗松
（*Pseudotsuga menziesii*）

樹木的種子能長久保存而不損活性，堪稱一項奇蹟。史威夫特的儲存庫是
個大冰箱，保存的種子經過數十年後仍能萌發，可說是應對貧瘠年份的一
種保險之道，也算是種子收集者本人的退休計畫。「我剛剛售出 1991 年收
集的最後一批松樹種子，」他說。「它們的發芽率為 93%。如果可以的話，
我不介意收購十到十五年份的供應量，因為我不知道下個機會什麼時候才
會再有。」

人類以外的種子收集者

北美星鴉（Clark's Nutcracker）

會收集白皮鬆松（*Pinus albicaulis*）和其他植物
的種子，並將種子埋藏在樹木周圍數公里的
範圍內，一年可多達十萬顆。牠們可以準確無
誤地返回每處埋藏地，但不會吃光全部的種子。
餘留下的種子被埋在最適合發芽的深度，這對於松樹
的生存至關重要。

橡樹啄木鳥（Acorn Woodpecker）

會用鳥喙在枯死的樹木上鑽出小
孔，當作儲存橡實的糧倉。一個糧
倉可能會有數萬個洞，由許多鳥類
共同管理。一旦橡實乾燥變小，就
必需重新安置到較小的洞中，有賴
持續一整季的工作來維持。

加州灌叢鴉（California Scrub Jay）

會將松樹種子和其他食物藏在數以千計的地點，並不斷移動它們，以防小偷。科學家觀察到，若加州灌叢鴉在藏匿食物時被其他鳥類看到，牠們就更有可能會移動所藏匿的食物，而且因為牠們本身就是偷竊慣犯，所以更有防盜意識。

刺豚鼠（Agouti）

會埋藏南美洲熱帶樹木的種子，為了防範掠食者，還會將種子轉移數十次。這種囓齒動物的身型與家貓相當，是從早已滅絕的大型哺乳動物手中接過了傳播種子的職責，幫助拯救像是黑棕櫚（*Astrocaryum standleyanum*）這類樹木免於滅絕。

蜘蛛猴（Spider Monkey）

以南美森林中的熱帶樹木果實
為食。往往會吞下整個果
實，並在數小時後
將消化過的種子
連同糞肥一同灑在
林地上。一隻蜘蛛
猴一年可以傳播 195,000 粒種子。

紅松鼠（Red Squirrel）

會爬上針葉樹剪下毬果，然後將
它們在地面上成堆堆放，這樣的
「堆肥」是由新鮮的毬果和消化
後的殘渣所組成。

藝術家
ARTISTS

「我的髮藝技巧是否也可以
運用在樹木上？」

抽象藝術家

麥克・吉布森 *Mike Gibson*

哥倫比亞，美國南卡羅來納州

「我涉足林木造型園藝[3]的起點其實是剪髮，」麥克・吉布森說。「我母親是美容師，我從小就學會如何剪髮和造型設計。我會使用強力髮膠將頭髮雕塑成不同的形狀，並在高中時用在所有朋友的身上。這讓我開始思考，我的髮藝技巧是否也可以運用在樹木上？」

吉布森在高中畢業後學習藝術，嘗試炭筆畫、硬筆畫、壓克力畫和雕塑。他還擔任園藝師，為俄亥俄州揚斯敦（Youngstown）的鄰居修剪樹木和灌木叢，並開始詢問客戶是否能在他們的土地上創作抽象的地景。「我會在看到樹木時陷入思索，開始想有什麼是我能做的。然後我會畫一幅畫給客戶看，有時他們當真敢讓我嘗試。你知道嗎，我發現我真的做得到：只要有辦法下筆成畫，我就有辦法應用在樹木上。」

他稱自己為地景藝術家（property artist），「我不使用造型園藝這個詞，因為那讓人聯想到將樹木修剪成球型和螺旋型。除了我之外，沒有其他人從事地景藝術，所以我認為這可能就是我的獨到之處。」

---

[3] 譯注：原文為 Topiary，特指透過修剪樹木，讓樹木呈現立體造型的園藝技術。

他向家中同為藝術家的父親展示自己的成果。「嘿，看看我的地景藝術，」他對父親說，「沒有其他人這樣做。」但是確實有其他人也做了這樣的事，吉布森的父親就認識一個。「我爸爸提到珀爾‧弗萊爾（Pearl Fryar），」吉布森說，「這改變了我的一生。」

1980 年代，弗萊爾開始在南卡羅來納州畢夏普維爾（Bishopville）的花園創作抽象造型的林木。從那時起，他也因其奇妙的創作而在園藝和藝術界聲名狼藉──這些作品更像是畢卡索或亨利‧摩爾（Henry Moore）的雕塑，而非我們會在遊樂園和購物中心看到的那種修剪過的黃楊木。

「我是在週六聽說了珀爾這個人，」吉布森說，「接下來的一週，我去了圖書館，看了關於他的每一部影片，閱讀了關於他的每一篇文章，我必須盡我所能地瞭解這個人。然後我開始懷疑是否還有更多像珀爾這樣的人？但我沒找到。據我所知，珀爾是唯一一位這樣做的非裔美國人。所以，如果他是唯一的一個，我就必須成為第二個。」在接下來的幾年時間中，他經常拜訪珀爾，盡可能地學習一切。「珀爾把他的智慧傳承給我。」他說。

珀爾的造型園藝激發了畢夏普維爾周圍的美化工作，這讓吉布森覺得自己也有機會在揚斯敦推廣類似的改變。「這成了一項使命。我想改變人們對揚斯敦的看法。我希望世界各地的人造訪此地時會說：『嘿，這是最美麗的地方。我從沒見過這麼多的林木造型園藝。』」他加入了當地的振興工作，並將林木造型融入新修復的住宅和企業景觀中。「我們的區號是三三〇，所以我的任務是在城市周圍添加三百三十組造型林木，這花了我六年時間，但我做到了。」

珀爾現在已經八十多歲了，最近他已經無法維護自己的創作。吉布森回到畢夏普維爾幫忙修整珀爾的花園，也接手照料珀爾在博物館的園藝作品。「我在向珀爾致敬的同時，也嘗試帶入自己的風格。你不能畫的跟莫內一模一樣，但你可以延續他的風格，在他的作法上添加你自己的細微變化。」他現在和家人住在南卡羅來納州的哥倫比亞，離珀爾的家不遠。他在南卡羅來納大學的非裔美國人研究計畫中工作，組織藝術工作坊。

他持續創作造型園藝，即便是他家租來的房子也可以見到他的作品。「我們屋前的灌木叢當然也是我一手形塑出來的，我就是忍不住想要動手。我也一直在修剪幾盆盆栽植物。我甚至還整理了鄰居的院子。我就是克制不住。」

他的其他作品大多是接受博物館和大學委託的創作。他的風格因其在樹木和灌木上的重複圖案而聞名。「我的靈感來源是費波那契數列和三角形的連結，」他說，「我的每一件作品無論從任何角度來看，都可以看到一個三角形。此外，還有一個不起眼的微妙螺旋，代表吉布森的大寫 G。它可能是順時針或逆時針的，但一定有它。這是我的簽名，我用這種方法留下屬於我的印記。我希望其他人也能效仿，並留下他們自己的印記。」

「我認為嫁接是
當代存在的完美隱喻。
我覺得我們的生活
從各個方面來說，
都是零碎、混合、拼湊
在一起的。」

概念藝術家

山姆·范·亞肯 *Sam Van Aken*

雪城,美國紐約州

只專注在單一棵樹上還稱得上是樹木收藏家嗎?如果這棵樹上結了四十種果實就不成問題。山姆·范·亞肯還是藝術學校的學生時,就著手實驗一個從果園借鏡而來的概念。「我對不同果樹間的嫁接工作很感興趣,」他說。「所以我嘗試將其視為一種概念藝術來創作,將塑膠水果黏在樹上。我認為嫁接是當代存在的完美隱喻。我覺得我們的生活從各個方面來說,都是零碎、混合、拼湊在一起的。」

他對塑膠水果的興趣並沒有持續太久。他想試試真實的事物。「我的曾祖父在果園工作,懂得嫁接。我從未見過他,但因為他的嫁接專業,每個人談起他時都滿懷敬意。我想學習做他所做的事情。」

他探索原生的水果品種,驚訝地發現它們有著不尋常的味道。「舉例來說,這些古老的李子品種就充滿了辣味。水果讓我開始懂得如何品酒,你先是在上顎前方品嚐味道,然後才是餘味。」

這些古老栽培品種的歷史也讓他感到驚訝。由於種子與親代的基因不相同,品種的延續完全依賴嫁接。「我有一些已有數千年傳承的品種。這意味著至少每五十年,就有人從某棵樹上取下一根樹枝,將其嫁接到另一棵樹上。

你可以把自己看作這個品種存在的關鍵。」

掌握了嫁接原理後，他設想出稱為「40 果樹」的藝術計畫。他將四十種不同的核果（stone fruit）品種嫁接到一棵李子樹上，該樹開花時會呈現出壯觀的配色。

2011 年起，亞肯開始在大學校園、藝術博物館戶外、公園和花園種植他的嫁接樹。這個過程並不像將四十根樹枝嫁接到一棵樹上、然後種植那麼簡單。這些品種必須要有適合生長的氣候，每個新嫁接的枝條也必須與其所嫁接的樹枝相容。這個過程可能費時數年。

「我必須用上庫存中的大量品種，」他說，「例如，櫻桃和李子就不容易嫁接在一起。我必須找到一種可以在它們之間嫁接的品種才能成功。一種名為 Puente 或 Adara 的西班牙梅李，可以與杏子、杏仁、李子、櫻桃、桃子和油桃嫁接，使其成為宿主樹和嫁接物之間的橋梁。」

每一次嫁接都必須在生長季節的特定時間點進行，然後亞肯會等待新一輪的植物生長成熟，再進行下一回合的嫁接工作。「我通常會在三至五年後回來完成這個過程，」他說。「這些樹是我十二年前種下的，我仍會去探看它們。」

這些樹種植在雪城的艾弗森藝術博物館（Everson Museum of Art in Syracuse）和雪城大學（他是該大學的教員）。另外，他在加州聖荷西的兒童探索博物館（Children's Discovery Museum in San Jose）和阿肯色州本頓維爾（Bentonville）的一家旅館也都各種了一棵。他最新計畫的地點是紐約總督島（Governors Island）

的一座開放果園，這是個擁有一百零二棵嫁接樹的公共果園。

他為每棵嫁接樹建立園藝檔案。他的研究回溯了每個品種幾百年來的歷史，還繪製了植物圖畫。他把樹葉和花朵乾燥，製成植物標本，成果非常像是植物學家的筆記本。「創作『40 果樹』的想法與這種索引／檔案的概念密

切相關，」他說，「這棵樹就是歷史和地理檔案的索引。」

當成熟的樹木在春天綻放花朵時，確實令人驚嘆，這點與他最初設想一棵能開出多彩花朵的樹是一致的。但除了美學、歷史和科學，收穫的還有果實本身。

「對於這些樹來說，生長季節最長的大概是早在 6 月就結果的櫻桃，而桃子和李子品種的季節可能會持續到 9 月下旬，」他說。「就實用的考量，它非常適合家庭花園。你每週會收穫十五到二十顆果實，不用想辦法處理同時成熟的幾百顆梅李。」

雖然他通常是在公共場所種植樹木作為藝術創作，但這些樹也為社區提供了食物。「我發現住在這些樹附近的人們會把收穫日期寫在日曆上，」他說，「他們會帶著袋子現身採摘果子。」

嫁接的種類

側接（*Side graft*）

舌接（*Whip graft*）

楔接（*Cleft or wedge graft*）

嵌接（*Bark or inlay graft*）

「若你掌握閱讀之法，
便能懂得樹木傾訴的種種。」

盆栽藝術家

恩里克・卡斯塔尼奧 *Enrique Castaño*

梅里達，墨西哥

「第二代盆栽收藏家並不多見，」恩里克・卡斯塔尼奧說，他是墨西哥尤卡坦半島（Yucatán Peninsula）植物研究中心的生物化學教授。「孩子很可能對父親的盆栽抱持反感。他們可能多次被告誡要小心保持距離，又或是不滿父親花在盆栽上的時間多過親子相處。」

他的父親和祖父都是雕塑家。父親對日本藝術感興趣，這是他接觸盆栽藝術的起源。盆栽吸引雕塑家的理由不難理解：評判盆栽的標準不僅在於眼前的盆栽本身，還括及未見之處。卡斯塔尼奧說：「樹枝之間的開放空間有時比盆栽佔據的空間更重要，因為它們創造出一棵大樹的錯覺。」他在墨西哥梅里達（Mérida）佔地八英畝的住家，就坐落在祖父的雕塑作品以及父親創作的幾棵盆栽之間。

「我當初購買的是塊被焚毀的土地。這是當地清理土地的作法，焚毀標示著他們對土地的所有權。」

過去幾十年裡，他在自己的土地上種滿了各種樹木，主要都是當地樹種，這些樹可以在梅里達炎熱潮濕的氣候中生存。而他收藏品的核心是盆栽，就放在住家附近的桌子上，以便就近照看。「它們需要日日呵護，」他說，

「這跟養狗或育兒不同。狗會叫，嬰兒會哭。但你必需自主地投身關注樹木，用呵護開展你們之間的連結，這層關係讓你能專注在自身以外的事物上。這是盆栽療癒能力的一環。」盆栽用的花盆既小且淺，會限制根部的發展並減緩生長，這也意味著它們很容易水分不足。如果卡斯塔尼奧想去度假，得先透過一個繁複的過程將每個花盆沉入土裡，方便園丁澆水，也避免盆栽很快就枯乾。他甚至不敢猜想自己養了多少盆栽，「一千甚至一萬？我沒有任何概念。」

身為墨西哥熱帶盆栽協會的創辦人、盆栽植物學書籍的作者，以及拉丁美洲盆栽協會的主席，他會帶領在地的盆栽藝術家到墨西哥進行植物採集之旅，周遊世界各地教學和展示他的樹木。

有些樹木承載了它居住地的故事。2009 年，他展示了一棵梧桐樹盆栽，*Conocarpus erectus*，該樹能適應沿海的強烈颶風和熱帶風暴。這個特殊物種因能在古老多節的木頭上長出新葉而聞名。他在海邊撿到了一塊所謂的「枯木」，該地區的所有樹木都遭清除，以便為新道路騰出空間。他把這塊枯木埋在土裡三年，期間為它澆水，等待它是否能生根發芽。他在展示這棵樹時寫下：「這棵樹花了十年的時間才從一根幾乎枯死的木頭成為盆栽。」照顧盆栽的最大樂趣來自於學習如何透過觀察葉子的大小、樹枝的彎曲度以及新的生長方向，來解讀一棵樹。「樹木可以告訴你此刻、幾週前、幾個月前或幾年前發生了什麼事。從樹幹底部最古老的部分到最鮮嫩的葉尖，一切都刻寫於上。若你掌握了閱讀之法，便能懂得樹木傾訴的種種。」

盆栽尺寸分類

盆栽可根據其大小分類，取決於需要多少隻手才能抱起這棵樹，而用「單手」、「兩手」甚至「八手」等詞描述。部分藝術家會專門研究較大或較小的盆栽。

幼苗尺寸
3 至 8 公分
（Keshitsubo）

手掌大小
5 至 15 公分
（Mame）

指尖大小
5 至 10 公分
（Shito）

單手
13 至 20 公分
（Shohin）

單手
15 至 25 公分
（Komono）

單手
25 至 46 公分
（Katade-mochi）

雙手
41 至 91 公分
（Chumono 或 Chiu）

四手
77 至 122 公分
（Omono 或 Dai）

六手
102 至 152 公分
（Hachi-uye）

八手
152 至 203 公分
（Imperial）

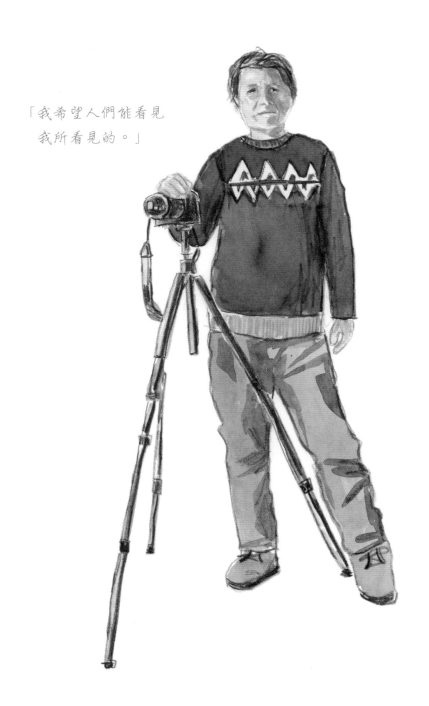

「我希望人們能看見
　我所看見的。」

銀杏編年史

沈建明（吉米） *Jianming (Jimmy) Shen*

杭州，中國

位於中國東部的杭州是個擁有一千兩百萬人口的城市，以其豐富的文化和自然美景而聞名。該城市已經持續兩千多年有人居住，又有世界上最長的京杭大運河橫布其中。城市西邊的西湖則是中國最寧靜的風景勝地，湖的周圍有植物園、動物園、美術館和一座令人驚嘆的山頂寶塔，在塔上可以望向四面八方，欣賞到城市和鄉村的景色。

攝影師沈建明就住在這座美麗城市的郊區，他的靈感來自距離城市約八十公里的西側山區。天目山國家自然保護區是世界上唯一仍能找到天然野生銀杏樹林之處。雖然無法證實今日生長在該處的巨大古樹是否為人所種植，但幾乎可以肯定，一千年前的佛教僧侶曾在山頂附近的一座寺廟裡種下了銀杏樹，人們無法將這些樹與真正的野生樹區分開來。

從事廣告工作的沈建明常受雇拍攝建築物和風景，但貫穿他整個職涯的主題是拍攝該地的銀杏樹。早在數位攝影興起之前，他就用底片來捕捉這類影像。

他的目的是記錄這些古老的銀杏，幫助人們去欣賞它。「因為中國有很多銀杏樹，所以它們也許不太能激起人們的興趣，」他說，「人們用自己的

眼睛去觀看，但我希望人們能看見我所看見的。」

銀杏是活化石，也就是說，你可以在兩億年前的化石紀錄中發現它，自那時起銀杏就持續生長繁殖，基本上沒有變化。銀杏的樹木亞類曾分布在世界各地，與恐龍同時期生長。但它的親屬隨著時間慢慢滅絕，到了大約二百五十萬年前的上新世末期，銀杏是該家族唯一的倖存成員，但也幾近消失，只能在沈建明居住的中國東部地區找到化石紀錄。[4] 銀杏獨特的扇形樹葉會在秋天轉變成耀眼的金色，這吸引了 17 世紀的歐洲植物學家和探險家到日本、韓國和中國收集銀杏種子。因此該樹現在廣泛分布在歐洲、北美和亞洲，在南半球也有零星分布。

「我們的銀杏樹和美國的不同，」沈建明說，「我們的更有生氣。我們有很多你們沒有的品種。你們的銀杏大多是從日本進口，種類有限，並且主要是雄株。我們有雌株，因為我們中國人吃銀杏果。」銀杏果有毒，但在中國，銀杏果煮熟後可作為藥用植物或保健食品少量食用。

雖然樹木與中國文化緊密交織，但沈建明覺得人們往往會忽略某些特殊的樹木，諸如古樹和具有歷史意義的樹木。收集樹木本身是不可能的，因為樹木必須留在根植之處——但他最終意識到自己可以收集相關的圖像和故事，於是他向中國和世界各地的植物學家、考古學家、古生物學家和其他專家尋求幫助。成果就是《野生銀杏》這本圖文書，記載受人注目的銀杏樹。

---

[4] 譯注：銀杏（*Ginkgo biloba*）是銀杏目（Ginkgoales）下現存的唯一物種。

他的編目中有一棵已有四千年樹齡、高度超過三十公尺的銀杏。他也記錄到一棵有兩千多年歷史、在很久以前遭到電擊的銀杏，該樹的樹幹內留下了一個「可容納三十人大小的洞」。他還提到所謂的銀杏情人樹，這些著名的雄株和雌株樹已經並排矗立了好幾個世紀，現在人們在其樹枝的庇蔭下舉行婚禮。選擇在此處舉辦婚禮的伴侶希望婚姻能像這些樹一樣長壽。

銀杏同時長出雄枝和雌枝的情況極為罕見，有時雄枝與雌枝分處不同側，有時雄枝在上，雌枝在下。他記錄了七棵雌雄同株的銀杏，其中最年輕的已有四百年樹齡。

其他奇觀還包括風吹過時會發出不尋常聲音的樹木，高齡一千八百歲的樹、以及地面根系複雜而容納了一百隻雞居住其中的樹木。還有「最悲慘的銀杏」，它在千年之內曾被砍伐六次，但每次都能重生。直至今日已有十棵樹從其長期遭難的樹樁上發芽生長。

這些故事讓我們能一探銀杏在中國文化和日常生活中扮演的角色。沈建明將這些樹視為中國的親善大使。「大多數人不瞭解銀杏的歷史，透過我的書能讓他們一窺這些中國的銀杏樹。」

活化石

活化石 · Living Fossil
一種諸如植物或動物的有機體，當今的型態與化石紀錄相比大致上並無差異。

拉撒路物種 · Lazarus taxon
被認定已經滅絕、卻又像是死而復生般被重新發現的物種。以聖經中耶穌讓拉撒路復活的故事命名。

殭屍物種 · Zombie taxon
來自更古老時代的化石、但沉積在較現代的化石岩層中，使得它們貌似生活在它們本已死絕的時代。

貓王物種 · Elvis taxon
類似已滅絕生物的物種；但其實只是外表相似或是擬仿。

銀杏
....
Ginkgo biloba

銀杏的化石紀錄可追溯至兩億年

前，該物種的所有的近親都滅絕了。在中國已有一千多年的栽培歷史，歐洲和北美現在也廣泛種植。

水杉

Metasequoia glyptostroboides

人們一度認為水杉已經滅絕，直到1943 年中國植物學家干鐸在湖北省發現其蹤跡。其種子經收集後被分發到世界各地的植物園。它是世界上僅有的三種紅杉樹種之一，另兩種是巨杉（*Sequoiadendron giganteum*）和紅杉（*Sequoia sempervirens*）。

南洋杉

Araucaria araucana

原產於智利和阿根廷,其化石紀錄可追溯到兩億年前。蜿蜒而出的厚葉在歐洲探險家眼中新奇有趣,而將其引入植物園。今日的種植範圍遍及北美、南美、亞洲、歐洲和澳洲。

瓦勒邁松

Wollemia nobilis

1994 年,一群澳洲植物學家在雪梨附近的國家公園偏遠峽谷中發現了大約二百棵這類樹木。其種子經過精心收集,以便世界各地的花園都能種植此樹。

「樹成為一種歸屬感的象徵，
意謂著紮根、穩定、矗立——
立在某物之上，或者代表某物。」

導演

莎樂美・賈希 *Salomé Jashi*

第比利斯，喬治亞

2015 年，一張樹木航過黑海的照片轟動喬治亞全國。這是幅令人不安的景象：怎麼會有一棵高大優雅的成樹在駁船上？它要去哪裡？最重要的是：為什麼？

這些問題幾乎立即得到了回答，根據新聞報導，身為前總理的億萬富翁比齊那・伊萬尼什維利（Bidzina Ivanishvili）正在採購成熟的樹木，並花費巨資運送到他在沿海開發的公園。這些樹木往往取自農村和貧困的喬治亞人之手，這起事件引發人們抗議連根拔起樹木對環境造成的影響。

當喬治亞導演莎樂美・賈希看到這張照片時，除了與抗議者一樣關注購買和移植成熟樹木的行為外，她還看到了其他東西。「第一眼我就為樹木漂浮海上的景象著迷，」她說。「感覺就像是哪裡不對勁，出了錯。這個既美麗又醜陋的矛盾景象立刻吸引了我。第二天我們就去拍攝了。」

成果就是 2021 年上映的紀錄片《總理的移動花園》（*Taming the Garden*）。這部電影以沉靜、近乎詩意的方式，描繪巨樹被精心挖出並運離家園的故事。同意將樹木賣給伊萬尼什維利的人們也是拍攝的對象，有時他們會因為此一行為而私下與配偶爭吵，有時則在樹木被運走時落淚。影片沒有旁白向

觀眾解釋情況，鏡頭只是單純見證眼前展開的奇怪景象。

對賈希來說，要找到願意接受拍攝過程的家庭並不容易。「我們生活在一個非常脆弱的民主國度裡，地方政府往往具有相當大的控制力，而且大多數人都受雇於公家機關，他們不想惹麻煩。」她還記得有位女士不想出售一棵巨大的老樹，因為這棵樹上留著她父母年輕時的刻記。但是她的丈夫堅持這麼做，在挖樹的過程中，樹倒下並且斷裂了。這位女士說這種感覺就像家中成員過世一樣。「她哭著傾訴，讓我也哭了，」賈希說，「但她不想在鏡頭前露臉。」

有些人很高興能賣掉他們的樹。「對某些人來說，售出的樹並無意義；不僅佔據空間，也遮蔽了院子的陽光。能擺脫這些樹又能賺錢，對某些家庭來說是件求之不得的事。」附帶的社區效益還包括建造或擴增道路，以容納運送樹木的巨型卡車。

無論電影中的人們對販賣樹木給壟斷財富的億萬富翁有何感想，看著一棵巨大的老樹被挖出並運走，觀眾難免會感到震驚。但在下一刻，觀眾可能會想：我們都會這樣做。身為消費者，我們都參與砍伐樹木。這難道有什麼不同嗎？賈希同意這一點。「這是消費主義的問題，其中也有殖民主義的因素。看看這些樹木被奪走，有時是為了換取我們所謂的文明：教育資金、癌症治療資金或是新的道路。作為擁有資源的一方，我們可以對此提出批評，但對這些人來說，這是拯救他們的生命或改善生活的一種方式。就算這是一種浮士德式的交易。」[5]

賈希估計有兩百棵樹以每棵約三十萬美元的代價被運走，包括橡樹、椴樹、

木蘭和栗樹。謝科維蒂利樹木公園（Shekvetili Dendrological Park）在 2020 年開幕，賈西發現參觀該地的體驗很詭異。「設計不佳，」她說，「樹木排列的方式讓這裡像個停車場。這些樹木並沒有全部倖存，有的在運輸過程中死亡，有的在種植後死亡。公園相關的在地新聞報導中提到人們前來參觀，並試圖找到他們賣給伊萬尼什維利的樹，但其中有些樹遭到過度修剪以至於無從辨認，即便對那些曾在樹蔭下生活了幾十年的人來說也是如此。」

在拍攝這部電影的過程中，賈希開始將這棵樹視為其他事物的象徵。「當我第一次看到一棵樹在移動時，我感到頭暈。你知道搭乘雲霄飛車時那種移動軸心改變的感覺嗎——忽然不知道哪裡是地，哪裡是天？我感覺我的軸心已經被轉變了。對我來說，樹成為一種歸屬感的象徵，意謂著紮根、穩定、聳立——立在某物之上，或者代表某物。」

---

5 譯注：原文 Faustian deal，形容和不善的對象進行潛在有害的交易；出自小說《浮士德》中的情節，學者出賣靈魂與惡魔交易知識。

如何運輸大樹

有眾多理由值得移動一棵樹：將其從土地建案中拯救出來，將其置於更好的生長環境中，或為其他樹木提供更多的成長空間。無論動機為何，移動大樹背後的技術都相當複雜。它的運作方式如下：

土球和粗麻布
用鏟子或挖土機在根球（root ball）周圍和下方挖出一條溝渠，直到樹木立於一個小型的泥土基座中。用粗麻布和繩子包裹根球，然後使用起吊車或叉高機將樹從基座中拉出。

樹鏟
樹鏟由巨大可動的鋼片組成，安裝在卡車上，可以沿著樹身沉入土壤，將樹木拔出。樹鏟的鋼片閉合後可以固定土球，直接載走樹木，然後在新地點種下。

鋼管

移動巨型樹木時，需在樹冠邊緣開挖溝
渠，將鋼管打入根球下方，形成金屬平
台，然後再使用液壓設備將樹木吊到卡車
上，以便運輸。

移樹小知識

來自戴夫・德克斯特（Dave Dexter），德克斯特莊園景觀公司創辦
人盧卡斯・德克斯特（Lucas Dexter）的父親（見第 257 頁）：

挖掘深度無需過深。深度雖因樹種而異，但大多數樹木有活力的
根部深度僅約十八英寸（四五・七公分）。

移樹之前避免修剪。促進根部生長的激素是在樹枝尖端產生。修
剪會使樹木紮根新地點的難度增加。

樹木移植後無需肥沃的土壤。適量堆肥固然很好，但樹木需要的
是熟悉的原始土壤，而不是種植在肥沃的混合物中。

移樹是短期投資。花錢移樹為的是在當下擁有一棵大樹。但隨著
時間過去，苗圃培植的小樹，尺寸會趕上同時期移植的大樹。

策展人
CURATORS

「也許這是種徒勞，
但我只希望每個人都
能從事這般
徒勞的活動。」

橡木收藏家

貝翠思·查塞 *Béatrice Chassé*

聖若里德沙萊，法國

貝翠思收集樹木的靈感來自另一位收藏家。在布魯塞爾從事商務交流工作後，她想搬到法國，並萌生了在當地開設植物園的想法。「我的伴侶終生都在收集東西——郵票、瓷器和其他收藏圈的玩意。他跟我說：『成立植物園是個好主意，但你需要有某類藏品。』我說：『你說的藏品是什麼意思？』他說：『嗯，我不確定，不如選一種樹木來收藏？』」

於是她選擇了橡樹。這個選擇並非全然隨意的：在她選購土地時，看到普通橡樹（或稱歐洲橡樹）無處不在。「但直到我決定收集橡樹後，我才發現橡樹是世界上最大的樹屬之一，收集起來需要一些時間。」

隨著她更加瞭解橡樹，包括它們在自然世界中的地位以及所扮演的生態角色，她收集橡樹的原因也有了變化。「我不只是試著種植每一棵橡樹。收集橡樹成為理解這群樹木的方式。」

她購買的土地位於法國多爾多涅（Dordogne）地區，佔地六十英畝，旁邊就是科爾河，該地曾有牛群放牧，但因為山丘與岩石過多，從未用於集約化農業。不過對橡樹來說，這些都不是問題。「我們有很多斜坡，可以為樹木遮風避寒，優化土壤排水，」她說，「這有利於種植來自世界各地的樹木。」

她開始從專業苗圃購買樹木，但這類商業供應源頭很快就枯竭了。「然後我意識到，『哇，真是太棒了，現在我必須環遊世界才能找到這些橡樹。』在瞭解樹木來源的重要性後，我在種下一棵樹之前都要先知道種子來自何處。」

第一次參觀植物園的訪客看到諸如來自墨西哥西北部的墨西哥柳橡樹（*Quercus viminea*）時，都會真切地感到驚喜，因為該樹的葉子長而細，對於外行人來說，可能更類似灌木夾竹桃的樹葉。「它引起人們最強烈的反應，他們堅稱這不是橡樹。」產於韓國、日本和台灣的小型橡樹白背櫟，深綠色樹葉長而有光澤，看起來一點也不像歐洲或美國的橡樹。「過了一段時間，人們會問，『這些看起來毫無相似之處的植物怎麼可能都是橡樹？橡樹何以是橡樹？』我總是告訴他們，只要稍加思考片刻就會知道答案。」

答案當然在橡實身上。獨特的橡實非常容易辨識：它很大、很容易發現、富含蛋白質和脂肪，使其成為許多鳥類、囓齒動物和其他哺乳動物的寶貴食物來源。野外採集並不是一件容易的事；需要知道橡實成熟即將落地的時機，然後趁它們還新鮮時快快種入土裡。雖然有些種子在儲存幾十年甚至幾個世紀後仍能發芽，但橡實一旦乾燥就會喪失活性。即使儲存在溼冷的完美的條件下，如果不埋入土裡，它們的活性也只能持續幾個月的時間。更令人吃驚的是，查塞能夠從種子培育出橡樹，並佈滿她的植物園。在目前公認的四百三十個物種、數十個亞種和變種以及無數的雜交品種中，她的收藏就包括了三百一十九種不同的橡樹。

她有辦法集滿所有的橡樹嗎？「印尼的物種無法在此地生長。在亞洲、中美洲和墨西哥南部低海拔地區生長的橡樹也很難存活。當中有許多從未經

人工培育。如果有人培育過這些樹木，就有可能在世界各地三到四個花園裡找到它。如果你想要認真收藏橡樹，就無法單賴花園裡收集的橡實，因為它們很有可能與其他橡樹雜交。你要到野外尋找一大群的單一物種，在這種情況下它們雜交的可能性會小很多。」

2012 年，查塞的普尤萊克斯植物園（Arboretum des Pouyouleix）獲得法國專業植物收藏學會（Conservatoire des Collections Végétales Spécialisés）的認證，該組織會為認可特殊的植物收藏認證。植物園於 5 月至 10 月對外開放，需預約參訪。這是法國最大的橡樹收藏，也是世界上最大的橡樹收藏之一，園中的橡樹根據其在世界各地生長的地理位置分區排列。

就像許多樹木收藏家一樣，查塞知道她所收集的樹木會比自己更長壽，而且這些樹木在自己去世後不知道會有何種遭遇，但這並不構成阻力。「我認識一個九十八歲的人，他收集橡樹四十或五十年了，」她說。「我還認識另一位九十二歲的收藏家，以及一位八十八歲的收藏家。他們的健康狀況看起來非常好。如果收集橡樹單就為了這點，那理由也夠充分了。收集是一種熱情，也是人們活著的動力。也許這是種徒勞，但我只希望每個人都能從事這般徒勞的活動。」

開放參觀的私人樹木收藏

每年有一千七百多個植物園和林園對大眾開放。其中大多是聲譽卓著的花園，例如倫敦邱區的皇家植物園（Royal Botanic Gardens）或賓州的朗伍德花園（Longwood Gardens）。這些機構中有許多都是由一兩個（或三個）世紀前的私人收藏轉型而成。

今日也有部分私人收藏開放參觀。

韋斯佩拉爾植物園（Arboretum Wespelaar）
位於比利時韋斯佩拉爾的植物園是商人菲利普・德・斯普伯赫（Philippe de Spoelberch）的收藏。他的家族在比利時從事釀酒業已有數百年歷史，雖然他的生意主要是全球化經營的安海斯—布希英博啤酒集團（InBev），但他也是一位著名的樹木收藏家，並將部分家產捐給公共

植物園。他樂於挑戰和編輯自己的收藏，創作遠景，移除那些根本無法成長的樹木。「你可以購買任何愚蠢的畫作，除了坐在那裡等著升值之外什麼也不能做，」他說，「但是樹木收藏家給自己購買的是麻煩。」

艾納樹木博物館（Enea Tree Museum）
位於瑞士拉珀斯維爾—喬納（Rapperswil-Jona），是景觀設計師恩佐・艾納（Enzo Enea）的作品。他成立的這座樹木博物館裡種滿了從建築工地和其他可能被

毀壞的地區搶救出來的樹木。園內各地展示著當代雕塑，許多樹木靠在高大的砂岩石塊上，讓遊客更能看清樹木的結構，並將其視為藝術品。

格拉努斯克莊園（Glanusk Estate）

座落於南威爾斯（South Wales），經營者為哈里·萊格—布爾克（Harry Legge-Bourke），繼承自他父親威廉·奈傑爾·亨利·萊格—布爾克（William Nigel Henry Legge-Bourke）所打造的輝煌橡樹收藏。今日的橡木林有三百多個物種和栽培品種，佔地三千五百英畝，這還只是總面積多達兩萬英畝土地的一小部分。談到父親收集橡樹的興趣，哈利說：「開始探究橡樹後，你很快就會發現大量收集橡樹是唯一明智的行動。」

海內威保護區（Hinewai Reserve）

位於紐西蘭班克斯半島（Banks Peninsula）上，佔地三千英畝的出色自然保護區，園區內的樹木收集也相當順應自然。1986 年，具有生態意識的商人莫里斯·懷特（Maurice White）遇見了植物學家休·威爾遜（Hugh Wilson），兩人從此攜手合作。懷特買下這塊土地，三十年來威爾遜居住其上，經營管理。他的想法打破窠臼——像是不干涉恣意生長的金雀花，因為在其遮蔽之下，森

林的生機得以蔓延。這類觀點提出時令人震驚，但幾十年一路走來，他證明了這個觀點是對的。威爾遜在保護區的生活和工作不受網路、手機或車輛的牽絆，他用步行或騎自行車的方式漫遊這片土地。每年他會兩度製作手寫的時事通訊，並配上親自繪製的圖畫，然後透過其他較常用使用電子設備的助手，分發給保護區的支持者們。

蓮花樂園（Lotusland）

坐落在加州聖塔芭芭拉（Santa Barbara），是充滿奇異熱帶風情的樂園。1941 年波蘭女演員甘娜‧沃爾斯卡（Ganna Walska）買下這片佔地三十七英畝的莊園。她設計如夢似幻般的景觀，運用包括造型灌木、棕櫚樹、蘇鐵樹以及任何具有異國情調和戲劇性的事物來激發她的想像力。她於 1984 年去世，但這座位於僻靜街區的花園仍透過預約方式向遊客開放。

梅里韋瑟莊園（Mereweather Estate）

位於澳洲維多利亞州（Victoria），是比爾‧芬克（Bill Funk）和希瑟‧芬克（Heather Funk）五十年來的樹木收藏成果。植物園佔地一千四百英畝，除了兩百多種橡樹和令人印象深刻的針葉樹收藏外，還有牧羊的土地和對外出租的遊客小木屋。

希瑟記得早在網路出現之前，比爾每天晚上都會坐下來給收藏家或苗圃老闆寫信索討種子。「小包種子會透過郵件寄達，」她說，「那時我們才剛起步，沒有多餘的錢，但總是能摳摳搜搜出幾美元花在樹木上。」

東芭熱帶花園（Nong Nooch Tropical Garden）

位於泰國春武里府（Chonburi Province），1954 年開始建造。彼時農格諾克・坦薩查（Nongnooch Tansacha）和丈夫皮希特・坦薩查（Pisit Tansacha）買下六百英畝的土地，打算改建果園，接著她花了二十年的時間收集熱帶樹木和花卉。如今，這個花園由她的兒子坎彭・坦薩查（Kampon Tansacha）經營，園中有世界級的蘇鐵植物群，一個恐龍花園（裡面有個被棕櫚樹和園林植物圍繞的巨大恐龍複製品），還有一個巨石陣複製品，其中也展示了其他奇異植物，另外還有活動場地和度假村。

波利山植物園（Polly Hill Arboretum）

位於瑪莎葡萄園島（Martha's Vineyard），佔地二十英畝，種滿木蘭、山茶花、紫莖澤蘭以及園藝家波利・希爾（Polly Hill）感興趣的其他植物。希爾於 2007 年去世，享年一百歲。植物園內現在育有一千七百多種植物品種，開放遊客和研究人員參觀。

薩加波納克雕塑園區（Sagaponack Sculpture Field）

位於紐約長島（Long Island），展示路易斯・梅塞爾（Louis Meisel）的收藏品。梅塞爾是一位來自蘇荷區的藝術品經銷商，長年收集以山毛櫸為主的樹木。他喜歡這類樹木的原因在於它們能抵禦強烈的颶風，不易受到害蟲或疾病

的侵擾，加上紫色、銅色、粉紅色和綠色的多彩美麗葉片，在秋天還會轉變成金色和橙色。園區歡迎民眾參觀樹木和雕塑收藏。多年來，他還收集了古董草坪灑水器、老式冰淇淋湯匙和舊琺瑯標誌。「樹木是我唯一不出售的收藏，」他說，「人們有時會問我應該種什麼樣的樹？但他們只是想在自家屋前來個令人印象深刻的樣本，稱不上是收藏家。」

斯塔希爾森林植物園（Starhill Forest Arboretum）位於美國伊利諾州（Illinois），由蓋伊·斯滕伯格（Guy Sternberg）和伊迪·斯滕伯格（Edie Sternberg）創立，以出色的橡樹收藏聞名於世，也是伊利諾大學的官方植物園，提供研究和教育機會。

樹木收集認證

ArbNet 是植物園國際認證計畫。公共花園和私人收藏都有資格參加。認證涉及收藏品的紀錄，遵守某些運作規範，以及一定程度地對公眾開放。世界各地眾多國家都有自己的「國家收藏」認證計畫，樹木收集者也可以參與這些計畫。這些計畫完全是自發性的，是讓公眾認可終生植樹的好方法。

「我開始尋找從前未曾聽聞的
其他水果名稱，從此一發不可收拾。」

稀有水果收藏家

赫爾頓・荷蘇・特奧多羅・穆尼茲 *Helton Josué Teodoro Muniz*
蒙特阿雷格里坎皮納，巴西聖保羅

赫爾頓・荷蘇・特奧多羅・穆尼茲十四歲時，一家人搬到聖保羅（São Paulo）的農村地區，協助祖父母經營位於該地的農場。他在當地認識了「saputá」（*Cheiloclinium serratum*），這是種只產於巴西該地區的稀有本土水果，呈淡黃色，約李子大小，口感細膩帶甜味，種子烤過後能夠食用。

Saputá（*Cheiloclinium serratum*）

「在好奇心的驅使下，我跑去查找這個水果的名字，」他說，「我祖母有本多達數卷的字典。我開始尋找從前未曾聽聞的其他水果名稱，從此一發不可收拾。」

祖父母去世後，穆尼茲留在了農場。他開始透過一本名為《環球鄉村》（*Globo Rural*）的雜誌和其他收藏家交換種子，讀者可以透過雜誌列出正在尋找的種子。「網路出現後，事情變得更容易了」他說。他會透過網路社團找到其他收藏家，並創辦網站，列出他擁有的種子。他也身體力行，步行數公里穿過未開墾的荒野，尋找他從未見過的水果。

出生時缺氧造成的殘疾限制了他的部分行動能力：當他感到疼痛時，會依

賴花園拖拉機行動，或者尋求妻子、父親和幾名員工的協助。「雖然疼痛造成了阻礙，」他說，「但打理果園對我的健康有益。」

穆尼茲每天都在田地和溫室工作，辦公室裡圍繞他的是參考書籍和成堆的塑膠盒，裡面裝著他收集的種子。自學成才的他吸引大學研究人員找上門，向他討教種植野生水果的經驗。

現在，四十二歲的他在農場種滿了令人驚嘆的巴西本土水果，包括多種蒲桃（pitanga，*Eugenia sp.*）。這些屬於桃金孃科的水果有著小小的紅色果實，他只能用「令人難忘」加以描述。他還種植了一種生長在支架上的西瓜藤 *Calycophysum weberbaueri*，這種水果有著似火般的橘色果肉，風味一如其名。

他種植了一千三百種品種，外加三百種來自世界各地的異國水果。「巴西有四千種水果，」他說，「所以我還有兩千七百種待收集，但我已經沒有更多的種植空間了。當然，每個物種都有其變種。這是一個無限的世界，我需要更多土地。」

如此非凡的收藏吸引了來自世界各地的收藏家，但他最想做的是教育當地人。他們看到穆尼茲種植眼熟而不起眼的灌木和樹木，就跟它們在自然環境生長的樣貌沒有太大不同，這點往往令他們感到訝異。「他們說，『但這只是灌木叢。』會這樣說只是因為缺乏瞭解。我還看到父母告訴孩子：『不要採摘這種水果，它有毒。』事實上，他們根本不知道這是什麼水果。我知道他們想保護孩子，但這是錯誤的訊息，是因為缺乏知識所致。」

他感興趣的大多數水果都生長在巴西中部的塞拉多熱帶草原（Cerrado），以

及他口中的「巴西未知的田野」。很少有人關注這些地區。

「巴西人往往不重視在地物產，」他說。直到世界各地的稀有水果收藏家
開始注意到他種植的品種，巴西人才開始跟上腳步。「一旦國外開始重視，
巴西人就緊追其後。」他說。

穆尼茲出版了兩冊參考書介紹巴西當地水
果，並在他的網站上發布五百多個品種的照
片和詳細探討的內容。他還在珍稀水果研討
會上發表演講，出售種子和幼苗，並製作有
關水果種植和用途的影片。

Cereja do cerrado（*Eugenia calycina*）

他收藏的一大特色是巴西境外少見的水果。Guabiroba do Campo（*Campomanesia
adamantium*）是種葡萄大小的檸檬綠色水果，果肉柔軟多汁，可製成美味的果
凍和冰淇淋。Cereja do cerrado（*Eugenia calycina*）是一種鮮紅色的小果，味道
像櫻桃，很難在野外找到。

Guabiroba do campo
（*Campomanesia adamantium*）

這些水果大多不易運送到市場，但可以乾燥、
製成果凍或果汁出售。這是他的下一個計畫。
「在巴西這一帶地區種植的是豆類、玉米和
大豆，」他說，「我希望人們明白，種植水
果比種植大豆更有利可圖。生態固然重要，
但我們也要考慮利潤。我們今天面臨的環境
問題就是經濟造成的。」

「四棵好過一棵，但能種四十棵就更棒了。」

獨立研究者

迪恩・尼科 *Dean Nicolle*

阿德萊德，澳洲

迪恩・尼科的童年生活圍繞著父母的蘭花苗圃打轉，但他對熱帶花卉從來不感興趣。他關注的是莊園邊緣的尤加利樹。這些樹木在澳洲隨處可見，然而一旦你花時間仔細觀察，就會發現它們的出眾和迷人之處。

它們的紙質樹皮佈滿條紋，呈現出灰色、粉紅色、藍色甚至令人驚豔的橙色等各種色調，形狀奇特的種子莢貌似微型飛碟，綻放的花朵像小型煙火表演，還帶有強烈的薄荷香味，每棵樹上都有眾多讓好奇的孩子著迷之處。他的父母鼓勵他發展這項興趣：在他八歲時，他們為他購買的不是漫畫書，而是一本尤加利樹田野指南。

「我熟讀每一頁，直到了然於心，」他說，「我踏遍當地郊區，試著盡可能地辨識。沒多久，我就試著讓父母帶我去苗圃，要他們為我購買各種不同的尤加利樹。有一對支持我興趣的父母真的是很幸運的事。」

購買一本書和幾株植物是一回事，尼科的父母後來在他們位於澳洲阿德萊德（Adelaide）的住家附近找到一塊八十英畝的土地，這是筆划算的買賣。「他們看得出來，如果我繼續在他們的土地上種樹，他們將永遠無法出售土地並退休，」他說，「所以他們在我十六歲左右的時候買了這塊土地。我的

夢想是種植所有的尤加利樹品種。」

投資青少年的夢想有賴孤注一擲的信心，尼科的父母得到了回報。尼科就讀高職時主修園藝，然後在大專學習植物學。許多學生在選擇主修時難以抉擇，更不用說選擇工作了。但當他畢業時，他終生的志業就在眼前。

「我知道自己想做什麼，」他說，「但我從來不知道該如何以此維生？這是我的熱情所在。」

Corymbia ficifolia

1992 年，還是大專生的他已經開始在自己的植物園裡種樹。大多數的樹木收集者一開始都是出於業餘愛好者的熱情，但尼科受益於正規教育，瞭解如何建立有用的研究館藏。他按年份分區種植樹木，將它們組織成行，為每棵樹編號，納入資料庫中。

Eucalyptus conferruminata

Eucalyptus brandiana

他將這個地方命名為金錢溪植物園（Currency Creek Arboretum），是世界上最大的尤加利樹物種保護區，種植了近萬棵樹。尼科已經幾近實現他種植世上每一種尤加利樹的目標：目前已

Eucalyptus sinuosa

命名的尤加利樹物種和亞種大約為一千種，儘管隨著新物種的發現或重新分類，這個數字可能會改變。「我的目標可能永遠無法百分之百達成，」他說，「但已經很接近了，我已經種植或嘗試種植當中的九百五十種。」

他很早就決定只種植他自己收集的種子。他會在野外選擇母樹，取得它的樣本憑證，也就是一份壓平的植物標本紀錄，可以明確地識別他收穫種子的母樹。然後他會培育種子，發芽後成列種植四棵子株，這樣就可以在相同的條件下比較它們的遺傳變異。如果有足夠的空間和時間，他種植的數量就不會只限於四棵。「四棵好過一棵，」他說，「但能種四十棵就更棒了。」

Eucalyptus forrestiana

幾乎所有尤加利樹都原產於澳洲，因此尼科大部分的種子都是在自己國家境內採集的。「有一些物種我無法觸及，因為它們生長在非常偏遠的地區，又或者它們只在特定時間播種。像是鬼傘房桉（*Corymbia aparrerinja*）的種子會在果實成熟那刻脫落，整個過程費時一週。這發生

Eucalyptus macrocarpa

在熱帶地區的雨季，使你無法及時找到種子。這些都是挑戰，但嘗試收集它們是很有趣的一件事。」

尼科從他一生的熱情出發，為自己打造了出色的職

Eucalyptus caesia

涯。他教書、寫作、演講,並以園藝諮詢師的身分提供服務。他發表並命名了一百零二個前所未聞的物種,且還在繼續尋找更多新物種。

不過他的長期研究使金錢溪園區超越了植物收集的範疇。現在他正在研究野火的影響,「在澳洲,此類事件的頻率和強度都在增加。我們需要知道不同的物種如何因應火災,以及它們需要什麼條件才能重新生長。我們可以做的是燒毀一個區塊的樹木,然後研究哪些樹木會重新生長。當地所有消防部門都會出動,將之視為訓練演習。有了私人植物園,你就可以進行這種破壞性的研究。」

Eucalyptus stenostoma

他也希望鼓勵澳洲人欣賞本土尤加利樹的多樣性。「它們並不都是藍桉尤加利樹。無論是花朵或是樹皮的顏色都有各種不同樣貌,就連小型的尤加利樹上也棲息著眾多的野生動物。我希望人們能從這個角度來看待它們。」

Corymbia ficifolia

「朋友總是告訴我，
我的樹太多了。
偉大的樹木專家
邁克爾・迪爾也聽過
朋友這樣對自己說，
他的回答是：
『這樣的朋友顯然
可有可無。』」

洲際收藏家

弗朗西斯科・德拉莫塔 *Francisco de la Mota*

西班牙馬德里和德州休斯頓

弗朗西斯科・德拉莫塔大約十二歲的時候，拾起父母的一本樹木主題書籍。「作者是休・強森（Hugh Johnson）。我們家的是西班牙文版，英文版書名是《國際樹木之書》（*The International Book of Trees*），」他說，「裡面充滿了奇妙的照片，他談論樹木的方式非常吸引人，因為他提到樹木如何在自然環境中存活，像是書中寫到銀杏如何能生存兩億年卻幾乎不曾變化。我對父母說，『我希望這些樹生長在我的院子裡。』」

他的父母在馬德里（Madrid）北部擁有一棟度假屋。他們買下一棵銀杏滿足他的奇想。長大後，他開始長年住在隔壁的房產裡，這使他能夠擴展自己的收藏。「西班牙的樹木選擇有限，」他說。「網路讓我在尋找苗圃目錄時，得以探索來自英國、荷蘭、法國以及任何我能觸及的可能性。」他在 2002 年創辦園林綠化公司，這讓他能夠直接接洽批發苗圃，也更容易為自己訂購樹木。

秋天的楓紅、樺樹特有的樹皮都吸引著他。他加入楓樹協會，並開始與其他收藏家交易稀有且有趣的樹木。他收藏的特色是瀕臨滅絕的五葉楓（*Acer pentaphyllum*），這是一種小型灌木，莖上的小葉五片一組，就像手上的五指

一般。野生的五葉楓只能在中國境內找到，約存有五百棵左右，但世界各地的收藏家幾十年來持續繁殖它們。「我的樹有近六公尺高，結出很多種子，」他說，「所以我現在可以與楓樹愛好者交換種子。」

他建立電腦表格追蹤收藏，記錄他購買每株植物的地點、開花的時間以及其他關鍵日期，「我開始像是植物園一樣處理我的收藏。」但這畢竟不是植物園，而只是普通的花園，始終存在著空間不足的問題。「我只有半英畝。如果你收集的是多肉植物，這個空間大小算是不錯了。但對於樹木來說，這還不夠。我種得太滿了，一切都太近了，離房子也太近了。」

他將收藏衝動帶入真正的植物園也許是種必然。在擔任馬德里樹木顧問並獲得維吉尼亞理工大學園藝博士學位後，他加入休士頓植物園（Houston Botanic Garden），擔任園藝總監。在這裡，他可以種植那些在馬德里無法生長的熱帶楓樹，以及瀕臨滅絕的橡樹、木蘭和熱帶針葉樹。「還有我們的棕櫚樹收藏！休斯頓這個地方酷愛熱帶風情。但我認為這裡的人們也會想來點秋天的顏色。」

將罕見樹木引進休斯頓的同時，他也在家人的幫助下試著維持先前在馬德里的收藏，並在第三地著手種植樹木。「我和妻子是在克利夫蘭郊外的霍頓植物園（Holden Arboretum）實習時結識的。她在俄亥俄州東北部的農場長大，她的家人手上還持有四百英畝土地。所以我理所當然地也在那裡種了幾棵樹。我種下洋木荷（Franklinia）、山茱萸和一些紫荊花。當地有個池塘，這讓我能種植幾棵喜水的落羽松。我一向喜歡這種樹。不過我盡量不在那裡種太多樹，因為我無法常常造訪。」

他唯一的遺憾是沒有更多的空間擴展收藏。「朋友總是告訴我，我的樹太多了。偉大的樹木專家邁克爾·迪爾（Michael Dirr）也聽過朋友這樣對自己說，他的回答是：『這樣的朋友顯然可有可無。』」

「它可以承受一切。
這是愛上這棵樹的
最佳理由。」

第五代傳人

科爾・范・賀爾德倫 *Cor van Gelderen*

博斯科普，荷蘭

科爾・范・賀爾德倫原本無意加入家族企業。「我本來打算成為荷蘭的頂尖小說家，但我的天賦不足，只能做到次佳的程度，」他笑著說，「直到二十五歲時，我才決定將種植樹木和灌木視為一項可以從事的趣事。」

在這個荷蘭植樹家族中，他是第五代成員。「通常是第一代草創，第二代建業，富不過第三代。但我算是第五代了！我的孩子對園藝毫無興趣。我有六個孩子。你不能說我沒有嘗試過，但我不知道能不能傳承到第六代手中。」

也許這種衝動會在他們成年後出現，就跟賀爾德倫一樣。造訪鹿特丹植物園時，他聞到熟悉的杜鵑花香。「它讓我憶起少時經常和父親同行，收集插條裝入袋中。這段突然憶起的美好過往，讓我決定不再試圖反抗命運的安排。我就是以此為契機，決定加入家族企業的。」

當他在圖書館瀏覽 19 世紀的苗圃目錄套書時，收集樹木的衝動意外湧現。「這些目錄裡有大量我從未聽過的黃楊木。我很有興趣知道那些黃楊木的下落，一定有跡可循。所以我開始尋找它們，最後我找到了二十種不同的黃楊木。但這股興致很快就淡了下來。」

下一個衝動出現在他父親出版楓樹的主題書籍時。「這是他工作十五年的成果，是一本相當重要的書。但該書出版時，我唯一的評論是書中圖片有限。我看得出來他對我的反應很失望。這是他畢生的事業！所以我提議和他一起合著一本附帶圖片的書。從那時起，我開始收集楓樹，接著是繡球花，再來是山茶花，但是我的興致也沒有持續下去。」

收藏樹木佔用空間，即使是盆栽也不例外。他家的苗圃佔地僅九英畝。「以荷蘭的標準來說，這是相當不錯的規模，但與美國的苗圃相比就太小了，」他說，「我的空間快不夠用了，所有東西都彼此堆疊。現在我恐怕要開始收集樺樹了，我希望自己不會真的動手，因為樺樹種類眾多。但我很可能還是會這麼做。一旦我對某種樹產生興趣，我就想瞭解與之相關的一切，我需要去看看那些樹。光靠看書對我來說是不夠的。真的，我就是有這毛病，而且無藥可醫。」

多年來，他注意到收藏家的訴求各有不同：美麗、稀罕，或是背後有著美好的故事。日本楓樹（*Acer nipponicum*）就符合其中幾個條件。「你不會因為它美麗而收集它，因為它根本不美麗。它看起來有點像梧桐，只是更不好看。它在秋天也未能呈現美麗的顏色。你能提及的最佳優點就是它真的非常罕見。在荷蘭境內只有一棵，就在海牙（Hague）的植物園裡，但它因為被認定是一棵非常普通的楓樹而被砍倒了。就在事發前兩年，我們收集到該樹的種子。這是它第一次產出種子，我們很幸運能得到。我們用種子培育了一些小樹，所以這棵楓樹在荷蘭仍然活著，但因為它不是一棵好看的樹，所以沒有人想要。光是稀罕還不足以引起收藏家的興趣。」

但作為收藏家，他也會因為某些樹木很常見而喜愛它們。「它們讓我心軟，」他說，「有一種在歐洲隨處可見的楓樹，叫做韃靼楓樹（*Acer tataricum*）。在德國，高速公路沿線的加油站被稱為休息站。我們因此將韃靼楓樹重新命名為休息站楓樹（*Acer raststatteanum*），因為這是最常看到該楓樹的地點。它可以承受一切：貧瘠的土壤、汙染和煙霧⋯⋯都不會危急它的生存。這就是我愛上這種樹最大的理由。」

「我發現
自己無法辨識不同的木材，
這造成我的困擾……
而這就是我的起點。」

木材收藏家

丹尼斯・威爾遜 *Dennis Wilson*

阿爾皮納，美國密西根州

丹尼斯・威爾遜收集的樹木無需佔地數英畝，也不需定期修剪或灌溉。他的樹木裝箱上櫃，就放在緊臨工作室的木屋裡。

「木工藝是我的愛好，我是因為這樣開始收集木材樣本的，」他說，「整修家具時，如果我需要製作抽屜或其他部分，我希望能有可以匹配的木材。但我發現自己無法辨識不同的木材，這造成我的困擾。因此，每次動手時，我都會切下一小塊木材作為樣品放在架子上，作為對照參考用。這就是我的起點。」

後來他發現了國際木材收藏家協會（International Wood Collectors Society，IWCS）並加入了會員。「他們會以 Art Green 為名發出一頁又一頁的木材樣品清單。光是楓樹就有二十種！其中沒有一種是我認識的。嗯，當時這些樣品的價格是二十五美分或是一美元（10 或 30 元台幣），我訂購了一盒。」透過地區性和全國性的聚會以及木材交換，他結識了更多的志同道合之士。

威爾遜作為現任 IWCS 主席，回憶起該組織的早期時光。「1947 年成立時，主要成員都是樹木學家，他們都是真正的技術人士，對木材的結構非常感興趣。那時你可以寫信給世界各地的林業部門，他們會寄給你當地樹

木的木材樣本。不過這些樣本的尺寸各有不同。你永遠不知道你得到的會是什麼大小。」IWCS 的回應之道是制定三英寸 × 六英寸 × 半英寸（7.62 公分 ×15.24 公分 ×1.27 公分）的標準尺寸，這是當今收藏家最常用的規格。當每個樣本都不過比智慧型手機大一點時，就可以輕鬆儲存、組織、編目和展示收藏。

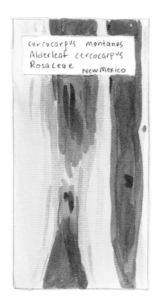 

威爾遜現在擁有約六千九百個木材樣本，大部分都是標準規格，標籤上記載著樹木的通用名稱、植物學名稱、生長地點和採集日期，是全球公家機構之外最大的收藏。

位於威斯康辛州麥迪遜（Madison）的美國農業部森林產品實驗室（USDA Forest Products Laboratory）是美國最大的木材樣本收藏地，距離位於密西根州威

爾遜的家並不遠。該實驗室收藏了十萬五千個木材樣本，其中包括自行收集、以及從諸如耶魯大學和芝加哥菲爾德博物館等其他機構獲得的樣本。

「他們在其他機構關閉研究部門時接手了這些收藏品，」威爾森說，「當中自然有重複的。不過他們想要的不只是單一棵樹的樣本，而是同一物種來自不同生長地的樣本，藉以研究木材的解剖結構，並根據木材的生長地點來比較其結構。」

威爾森的職業生涯始於不同類型的木工工作：最早是汽車業，為引擎零件製作木頭模型。「我會用木頭打造引擎零件，以便製作後續的金屬模型，然後送到鑄造廠製成模具。他們從二十五年前就開始逐步淘汰這道木工程序，不過有些製造商仍會這樣做。如果熟悉此道，這甚至比用電腦設計更快、更便宜。」

如今，他為孫子們製作木頭玩具、桌子、床和床頭櫃。他正著手打造一套更為精緻的櫥櫃，量身訂作用以存放他散布在數十個紙箱中的木頭收藏。他繼承 Art Green 收藏的木板，並將其切割成樣本出售，以為 IWCS 籌集資金。他手上還有大量木材仍待整理。「我的妻子善解人意，」他說，「但不是毫無底線。」

非凡的木材收藏

木材標本室（Xylarium）
木材標本室 Xylarium，源自木材的希臘語 xylo 以及拉丁語 arium 的結合，
後者的意思是與特定事物相關之所——例如植物標本室 herbarium、水族館
aquarium、天文館 planetarium。

全球木材收藏索引（Index Xylariorum）
由美國植物學家威廉‧路易斯史登（William Louis Stern）於 1967 年編訂，現
今透過全球木材追蹤網路（Global Timber Tracking Network）發布與更新線上資
料庫。

全球最大型的木材收藏

185,647 個樣本 　茂物木材標本室（印尼西爪哇茂物）

（Xylarium Bogoriense in Bogor, West Java, Indonesia）

125,000 個樣本 　自然生物多樣性中心（荷蘭萊頓）

（Naturalis Biodiversity Center, Leiden, the Netherlands）

105,000 個樣本 　美國農業部林業產品實驗室（威斯康辛州麥迪遜）

（USDA Forest Products Laboratory, Madison, Wisconsin）

84,600 個樣本 　伯南布哥聯邦大學（巴西伯南布哥州）

（Federal University of Pernambuco in Recife, Pernambuco, Brazil）

83,000 個樣本 　皇家中非博物館（特爾菲倫，比利時佛蘭德斯）

（Royal Museum for Central Africa in Tervuren, Flanders, Belgium）

樹木標本盒（Xylotheque）

書冊造型，內置樹木標本、樹葉或是樹枝。傳統上是木製的，展示在珍奇櫃中。最著名的收藏包括：

赫爾曼‧馮‧諾德林格（Hermann von Nördlinger）

他是一位德國林業教授，在 1852 年至 1888 年間出版了一系列出色的書籍，名為《一百種木材的橫

切面》（*Querschnitte von hundert Holzarten*）。一冊就是一個木盒，裡面裝有一百份附在紙上的木材薄片樣本，還有樣本說明冊。這套書共十一冊，涵蓋了一千一百種針葉樹、棕櫚樹、闊葉樹、蘇鐵樹和樹蕨。他一共製作了五百套，今日仍可在世界各地的圖書館找到整套作品。

羅梅恩・貝克・霍夫（Romeyn Beck Hough）

美國植物學家，在 1894 年至 1928 年間出版了十四冊《美國森林：實際標本與豐富文字說明》（*The American woods : exhibited by actual specimens and with copious explanatory text*）。書中每頁都展示著產自北美樹木的三片木材實際切片，分別從三個不同的角度切割，並附有文字說明。他親自收集木材樣本，並記錄了三百五十四個物種，但他在完成第十五冊的工作之前離世。

最上德內（Mogami Tokunai）
19 世紀日本科學家，收集了四十五個木材樣本，整齊裝入量身訂作的板條箱中，一側還精心繪製每棵樹的葉片以及描述文字。1826 年他將此一非凡收藏送給荷蘭科學家菲利普·弗朗茲·馮·西博爾德（Philipp Franz von Siebold）。如今展示在荷蘭萊頓的自然生物多樣性中心。

教育工作者
EDUCATORS

「這本書單純傳遞著一種喜悅之情。」

編目者

賽魯斯・帕特爾 *Sairus Patel*

帕洛阿爾托，美國加州

塞魯斯・帕特爾退休前任職於 Adobe 軟體公司擔任策略規劃師。大約十五年前，他對城市林業產生了興趣。他開始加入家鄉帕洛阿爾托（Palo Alto）的森林漫步活動。「在印度長大的我至少認識印度的行道樹，」他說，「所以我想瞭解在地的樹木。我開始上課，並觀察我的母校史丹福大學校園裡的樹木，然後有位朋友給了我這本書。」

這本書是《史丹福大學及其周邊地區的樹》（*Trees of Stanford and Environs*），作者是羅恩・布雷斯韋爾（Ron Bracewell），身為國際知名的電機工程和天文學教授，他在 20 世紀後半葉於校區內任教和生活。布雷斯韋爾的工作是開發支援 CAT 掃描技術，或建造支援美國太空總署登月任務的無線電望遠鏡；閒暇時，他漫步校園，注意到身邊樹木的非凡多樣性，並開始研究起校園內四萬多棵樹的植物學和歷史。「他的研究計畫幾乎不著重於任何實用價值，」帕特爾說，「這本書單純傳遞著一種喜悅之情。」

該書帶來的諸多新知讓帕特爾樂在其中。實業家、也是前加州州長利蘭・史丹福（Leland Stanford）於 1876 年買下了史丹福大學所在的土地。他聘請弗雷德里克・勞・奧姆斯特德（Frederick Law Olmsted）設計植物園，並為後來我

們所知的史丹福大學規劃景觀和整體設計。雖然校園自 1891 年開放以來有很大的變化，但其樹木收藏充分證明了數十年來大學植物學家、樹木學家和校園管理員們的廣泛興趣。校園內可以看到四百種不尋常的針葉樹、外來的尤加利樹、原生的橡樹以及熱帶棕櫚樹。

1972 年，布雷斯韋爾出版了一本螺旋裝訂的校園樹木掃描目錄——他收集樹葉標本、將它們放在影印機上直接複印當作插圖。書頁尺寸與樹葉相當，即便到了平裝本四刷時，仍然只略小於一張影印用紙。「他的寫作風格自負、古怪又語帶諷刺，」帕特爾說，「這是本相當吸引人的書，而不是枯燥的植物學專書。」

一位圖書館員——約翰‧羅林斯（John Rawlings），以專業方式為這本書添加引文、參考注釋和大量的參考書目。該網站兼具檔案館與目錄功能：甚至為早已死去的校園樹木列檔紀錄。這不僅是項繁瑣的工作，還需要對樹木懷抱情感，帕特爾因而被吸引。「2013 年，我聯繫約翰討論更新網站的事宜，」帕特爾說，「在某個時間點，他對我說，『賽魯斯，該你接手了。』」

作為史丹福之樹計畫的第三任管理者，帕特爾正在編寫該書的新版本。他協助涉及校內樹木的植物學、保護和歷史等主題的跨學科課程，並帶領人們漫步其中。

但他並沒有忘記自己在字體設計上的專業。正如身為圖書館員的羅林斯將工作與編目樹木的興趣相結合，帕特爾認為他對字體細節的痴迷也體現在對樹木的興趣上。「我曾經走進書店，將書倒過來打開，看看是否能在幾秒鐘內辨識出字體，我對樹木的興趣也是如此。要識別不同種類的尤加利樹，需要查看的不僅是樹芽的細微差異，也要觀察樹木聚集的樣貌。對我來說，這就是辨別字體和辨識樹木之間的共同之處。」

如何在不擁有樹木
的情況下進行收集

不一定要種樹才能成為樹木收集者。圍繞著一群樹木，為它們劃定邊界、進行編目和命名，也是一種收集方式。這就是史丹福之樹計畫的魅力和價值：它將校園內的樹木定義為收藏，並提供目錄解釋每棵樹的重要性。馬特·里特（Matt Ritter）是加州理工學院聖路易斯奧比斯波分校的生物學教授，他將自己對樹木的愛好攤在檯面上；他說：「在樹上貼上標籤的那一刻會改變所有事情，像是要砍樹就變得困難許多。所以我會確保校園裡的每棵樹上都有一個標籤。」

樹木編目計畫不需依靠大型組織，甚至不需要團體決議。下面是由充滿熱情的個人發起的專案：

倫敦

保羅·伍德（Paul Wood）還記得自己童年時收集樹木的方式是從樹林裡挖出樹苗，然後種在優格杯裡。他的樹木編目工作始於以倫敦行道樹為主題的部落格，後來演變成一系列的倫敦樹木相關書籍。他還帶領賞樹漫步，幫助組織城市樹木節，現在

則參與一個名為「與樹對談」（Tree Talk）的數位樹木繪圖計畫。在倫敦，他最喜歡的樹木包括唐恩村（Downe）教堂墓地上的巨大紫杉，達爾文曾居住在這一區。還有齊普賽街（Cheapside）上古老的英桐，該樹受到保護，限制周邊建築的高度不得干擾到樹身。

紐約

吉兒・赫布利（Jill Hubley）為了從她狹小的公寓脫身，開始到布魯克林展望公園散步。她向來喜歡閱讀野外指南，雖然她遍尋不著有關公園樹木的指南，但過程中她發現紐約自 1995 年以來，每十年會進行一次行道樹普查。身為網路開發人員，她運用專業，根據普查資料繪製城市樹木
數位地圖，並在過程中學習將數據視覺化。《紐約行道樹物種地圖》（*NYC Street Trees by Species*）呈現多彩的紐約樹木樹冠，按物種分色編碼。「我會收到電子郵件提到『那棵樹已經不在那裡了，』」她說。「我無法逐棵檢視並更新資料。但由此可見，人們非常關注他們街道上的樹木。」

賓州蘭開斯特

倫・艾瑟爾（第 235 頁上會介紹他的樹木收藏）成立了名為「蘭開斯特樹木寶藏」（Tree Treasures of Lancaster County）的網站，為「對蘭開斯特具有某種『特殊意義』的樹木」編目，以此致

敬「該郡、該國乃至全世界的所有樹木」。他編目的對象包括三百多棵珍貴樹木，並接受公眾提名。

墨西哥城

弗朗西斯科・阿霍納（Francisco Arjona）讀大學時讀工程學，但讀的並不起勁。反而是在大學樹木栽培實驗室的工作點燃了他對樹木的熱情。「開始與樹木打交道時，我感覺這就是我想做的事。想法、能量和情感的湧現，讓我知道這將

是我終生的志業。」墨西哥城樹木（Árboles de la CDMX）計畫是他在半夜突然閃現的一個靈感，「我只是想看看某幾棵樹，但外頭天色全黑。我開始上網查找，發現沒有人發布有關當地樹木的資訊。」現在，他在 Instagram、TikTok 和 Twitter 上分享他最喜歡的樹木，並期待在完成林業科學碩士學位後帶領人們漫步賞樹，並繪製墨西哥城的樹木地圖。「這裡沒有保護樹木的文化，」他說，「但即使你只是知道一棵樹的名字，它對你來說也會開始產生意義。」

「這些樹對我來說是精神休憩之所。光是看著滿眼的綠意，就讓人心曠神怡。」

熱帶 YouTuber

高世麗 *Kao Saelee*

維塞利亞，加州

要找到高世麗的家並不難。就位於加州中央山谷郊區，街道上的草坪修剪整齊，只有他家幾乎完全被熱帶植物叢林給遮蔽。路人可以隨意摘取芒果和香蕉，附近其他地方很少見到的鳥兒也在他的房子周圍降落。高世麗本人可能會在屋外的人行道上，透過前方的攝影機跟他的 YouTube 粉絲們訴說他如何在一個典型的郊區土地上種植一百六十八棵熱帶樹木。

更值得注意的是，他才不過開始大約五年的時間。「實際上我是因為 YouTube 才開始動手植樹的，」他說，「有一天晚上，我看到明尼蘇達州一位男士的影片，他試圖在寒冷的氣候下種植一棵橘子樹。為了讓一棵小樹活下去，他需要付出很大的功夫！這讓我開始更深入地挖掘，想看看要如何才能在這裡種植熱帶植物。」

世麗九歲時跟著家人從泰國移民至此。「我對泰國記憶深刻。我開始種植熱帶植物的原因之一就是這些樹木當中有很多生長在泰國。這讓我回溯童年，並將部分回憶帶到了這裡。」

他種植的第一棵樹是鳳梨釋迦（*Annona squamosa* × *A. cherimola*），這是 1908 年在佛羅里達培育的雜交品種，因其果實帶有香蕉、鳳梨和香草香味而在泰

國廣受歡迎。

「我把它種在地裡，而不是花盆裡，」他說，「我對它在接下來的幾個冬天裡展現的適應力感到非常驚訝。接著，我開始接觸更難處理的樹木，例如芒果，當氣溫降到冰點時，它絕對需要庇護。」

一棵接著一棵，很快地，他開始前往洛杉磯的熱帶苗圃尋找更難得的品種。山竹（一種與橘子大小相當的水果、紫色厚皮下有著瓣狀的果肉）和紅毛丹（一種類似荔枝的白色小型水果，紅色果皮外帶著刺）都成了他的收藏。他還種植冰淇淋香蕉樹，這種樹通常被稱為「藍爪哇」，因為香蕉皮在成熟前會呈現獨特的淺藍色。

「考量到我家院子的大小，」他說，「我自然會關注那些能收穫果實的樹木。」他幾乎將所有的樹都種在容器裡，如果冬天氣溫過低，就可以將它

們移到有庇護之處。在容器中生長還可以防止樹木變得太大，壓縮到彼此的空間。「如果我把這些樹種在土裡，它們會大到遮蓋住其他的樹。種在容器裡的作法讓我可以種植更多樹。如果空間足夠的話，我很想把這些樹都種進土裡。」

在妻子的鼓勵下，他開始在 YouTube 上發布在加州中央山谷種植熱帶水果的影片。對於適應泰國溫暖潮濕氣候的樹木來說，在這地方生長並不容易：夏季酷熱乾燥，冬季氣溫降至冰點以下。他大約每週發布一次影片，記錄他的成敗，觀眾們會熱情地提出建議或各種問題。

受益於影片的拍攝，他找到由志同道合的收藏家所組成的社群，參與者來自世界各地，也包括在地的人。「我在當地找到很多果農，」他說，「我們交換資訊、種子和插條。有時我會帶領在地觀眾參觀，並給他們一組入門工具包，包含我種的樹苗。和當地人交流讓我獲益匪淺。」

除了所種之樹結出的果實超出了家人的食用需求，種樹還為他提供喘息的機會。「我從事資訊科技工作，與樹八竿子打不著關係。在科技業工作的壓力很大。這些樹對我來說是精神休憩之所。光是看著滿眼的綠意，就讓人心曠神怡。」

仲夏時節，花園裡的植物生長最是茂盛，綠樹成蔭，創造涼爽、潮濕的微型氣候環境。他的熱帶果林看似一直都在那裡，但他知道自己還有很長的路要走。「你在這裡看到的一切只是起點，」他說，「以人類相比，這個花園才剛學會爬行。」

「單單透過
一個毬果
就能瞭解
松樹整體的
自然史。」

松果收藏家

蕾妮・加萊亞諾—波普 *Renee Galeano-Popp*

薩佩洛，新墨西哥州

植物學和森林生態學家蕾妮・加萊亞諾—波普在 2009 年退休後，立刻意識到自己需要一個退休計畫。

「我丈夫當時還是林務員，」她說，「我不記得計畫的概念是怎麼浮現的，總之，我們其中一個說，『你知道，世界上只有大約一百一十五種松樹。也許你可以嘗試收集松果看看？』」

松果是植物工程界的傑出代表：它們可以緊緊密封，保護種子豁免於冬季天氣和捕食者，然後在環境條件適合下一代發芽時開放並釋出種子。有些物種依靠野火來釋放種子，有些則是在生長端周圍長出長長的草狀針葉來防火。最重要的一點是，松果非常耐放。把幾個松果丟進盒子裡，就可以開始收藏。

事實證明，這是退休後上路旅行的絕佳藉口。「我開著卡車出發，在西部度過夏天——加州、猶他州、科羅拉多州、內華達州——我盡可能地收集。」這趟旅行的成果是十多個西方物種的毬果。接下來她聯繫全國各地的主要植物園，詢問對方是否願意為她的收藏做出貢獻。「我不想要栽培品種，只想要純種，」她說，「他們提供我另外十幾個物種。」然後她成立了名

為「松果計畫」（Project Pine Cone）的臉書專頁。世界各地都有人寄毬果給她，還有位德國收藏家渴望跟她進行交易，薩爾瓦多的一位林業學生也是如此。「我的收藏越來越多。後來我先生有位林業局的同事過世，身後留下他收藏的毬果。沒有人知道該如何處理，他們都說，『好吧，讓我們把它交給蕾妮。』」

她的收藏中最珍貴的毬果是大馬丁松（*Pinus maximartine-zii*），也稱為 maxipiñon，該樹只生長在墨西哥偏遠山脈。到 1960 年代植物學文獻中才出現相關說明，當時有位墨西哥植物學家注意到市場販售超大的可食種子，並尋找生產該種子的樹。如今，該樹在墨西哥受到保護，作為稀有樹木，其種子有時能從專業的樹木經銷商處購得。光是長度達到二二・八公分的毬果標本就是一項奇觀。

添增如此可觀的收藏內容後，她打造了一組可以攜帶至教室的展示品。「消息傳開後，人們聯繫並邀請我分享這些收藏品。我開始為本土植物協會舉辦工作坊，並到科羅拉多州立大學植物標本館擔任志工。我捐贈自己收藏的毬果展示品，所有毬果均按分類順序排列。他們用從地板一路延伸到天花板的玻璃櫃，展示了二十五種毬果。」

退休後的十二年當中，她都忙於這項計畫。在那段時間內，她收集了七十七種松樹的毬果，以及一些冷杉和落葉松的毬果。因為樹木生長的地區或環境不同，同一物種的毬果之間也存在著差異，包括毬果本身的長短，以及鱗片可能是彎曲或平直的。她會在能力所及的範圍內盡可能地收集這些有自然差異的樣本。

她現在仍盡可能地大量收集，但是態度不如往日積極，不再長途跋涉至墨西哥和亞洲偏遠地區。「我有一個住在柬埔寨的朋友，我問他是否可以提供毬果。他說：『非法採伐氾濫，林業工作地點周圍都安排了武裝警衛。那裡除了警衛，就只剩下猴子。而猴子不歸我管。』所以我猜既然情況是有武裝警衛存在，除非我的朋友能叫得動猴子，不然無計可施。」

一開始這不過是項退休計畫，卻讓她有機會與其他人分享一種神奇的感受。「你可能沒有意識到眼前的毬果需要樹木兩年的時間培育。單單透過一個毬果，就能瞭解松樹整體的自然史——無論是抵禦昆蟲的方式，或是它們與火的關係，松樹林的整個生態盡在眼前。人們可能只看到地上有棵松果，卻從未停下來思考它背後的故事。」

「我的大片年少時光總是極端憤怒，總想著毀掉東西，
但現在我很高興能夠培育些什麼。」

冒牌林務員

喬伊・桑托爾 *Joey Santore*

阿爾派恩，美國德州

想參觀喬伊・桑托爾（Joey Santore）的樹木收藏，要沿著他的家鄉，加州奧克蘭（Oakland）大馬路中間的綠化帶尋找。他對市政府的綠化種植計畫非常不滿意，因此決定自行改進。「這座城市的公共美化頗為失敗，所以我認為他們不會太在意我的作法，」他說，「他們種植的大部分植物都死了，土壤品質很差。在某些情況下，你需要自己動手。」

這項未經授權的改進方案，是在奧克蘭曼德拉大道（Mandela Parkway）沿線種植樹木。他選擇了更適合當地氣候的物種，通常是他在家中從種子開始培育的加州本地物種。「種植這些樹的目的不是為了移植到戶外，」他說，「我只是喜歡身處其中。這聽起來很老套，但它們是我的朋友，你理解嗎？我的大片年少時光總是極端憤怒，總想著毀掉東西，但現在我很高興能夠培育些什麼。我的院子空間不夠了。然後我看到這些閒置空間，我就想，好吧，管它的，我要在那裡種樹。」

他在自己頗受歡迎的 YouTube 頻道「犯罪需要付出代價，植物學則不然」（Crime Pays But Botany Doesn't）上記錄他叛逆的植樹活動成果。在他的影片中，桑托爾（化名，網上暱稱為托尼・桑托羅〔Tony Santoro〕）講述世界各地的植物採

集之旅，伴隨濃厚的芝加哥口音，並加上一些社會評論。儘管他手指著一片葉子或一朵花的時候，偶爾會露出有紋身的手臂，但他本人很少出現在鏡頭前。植物是影片的主角。作為旁白，他給人的印象是一位知曉世態、意見果斷、看來凶狠的植物學講師，你從不知道自己需要這樣的人。

任何碰巧開車經過曼德拉大道的樹迷都會對他在那裡種植的植物印象深刻：一棵在下加州採集、從種子中生長出來的瓜達盧佩島柏樹（*Hesperocyparis guadalupensis*），矗立在當地的活橡樹（*Quercus agrifolia*）旁（「這些兔崽子是我用橡實種出來的」）。本地柏樹和梧桐樹在他未經授權的景觀中佔據顯著的位置，因為它們可以良好地適應氣候並且快速生長。優秀的罪犯知道如何融入周遭：這些樹必須立即佔據一席之地並站穩腳跟，這樣它們才不會顯得格格不入而引人疑竇。一棵看起來已經存在一段時間的成熟樹木，更有可能被城市維護人員放過。

他在公園大道上種植了大約六十棵樹，其中一半以上存活並且枝繁葉茂，許多都超過九公尺高。在交通繁忙的公共區域，他認為這是很高的存活率。「有些樹無法存活，」他說，「但我會堅持不懈，繼續重頭來過。就像幼稚園教室裡的蝨子一樣——緊抓住不放。」

作為一名自學成才的植物學家，他也鼓勵人們自行鑽研園藝。「學習的唯一方法就是出門實踐。你沒辦法光靠書本學會。好吧，你需要一本植物學入門好書，但僅此而已。就像做實驗一樣動起來。如果你種植的對象死了，找出原因。把它拉出土裡觀察根部，是因為真菌的緣故嗎？還是因為蟲害？想清楚。但你不能只顧著種然後撒手不管。」

他偷偷摸摸在公共區域植樹帶來的好處之一，是為城市景觀增添本土樹木。「看看大多數列表上的城市植物，全都是垃圾，」他說，「這些樹木非常俗氣，重複出現的頻率過高，而且不知道為什麼被選中。它們並非本地樹種，也不能提供生物棲地。棲地正被我們這種腫瘤般的經濟所破壞，像癌症一樣增長，吞噬土地，變出人行道、購物村和其他令人沮喪的東西。所以邁出腳步，種下本土樹木，這就是你身而為人應該做的事，像個管家擔當起土地的管理之責，而不只是個蜻蜓點水的客人。而這就是你的回報：它使人們與居住的土地產生連結。」

喬伊・桑托爾對未經授權林業的建議

1. 種植適應氣候的當地或非入侵樹種。

2. 把握時機，在涼爽多雨的時候種植。

3. 成長速度很重要。選擇一棵生長快速、能夠避開有關當局注意的樹木。

4. 選擇三十到六十公分高的樹木種植。稍大的樹木實際上可能需要更長的時間才能扎根生長。

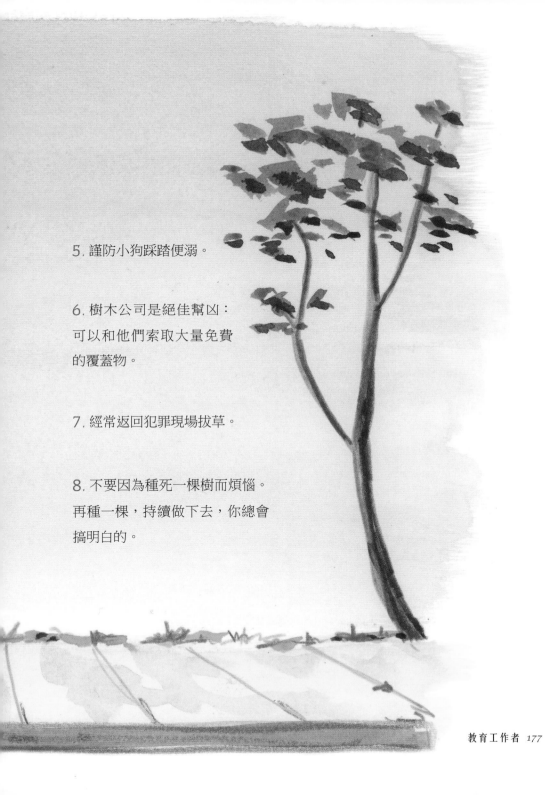

5. 謹防小狗踩踏便溺。

6. 樹木公司是絕佳幫凶：
可以和他們索取大量免費
的覆蓋物。

7. 經常返回犯罪現場拔草。

8. 不要因為種死一棵樹而煩惱。
再種一棵，持續做下去，你總會
搞明白的。

「你必須極度尊重樹木。
它們會讓你知道
它們的需求。」

冬青收藏家

蘇・亨特 *Sue Hunter*

費爾頓，美國賓州

蘇・亨特覺得不是她選擇了冬青樹，而是冬青樹選擇了她。「在我看來，冬青樹總是在那裡，」她說。

她在一個種植美國本土冬青樹的家庭林園長大。「它們非常巨大——也許有十五或十八公尺高。坐在冬青樹叢中能讓我平靜下來。」

小時候的她總是在戶外活動，樹木是她僅有的陪伴，獨處的時光讓她十分開心。「我小時候非常害羞。我總是待在外面樹林裡。我從很小的時候就知道了所有樹的名字。」

還有其他跡象顯示冬青樹可能會是她終生關注的對象。「這些連結會突然出現，當時我並不真正知道它們意味著什麼，但隨著年齡增長、反思生活後，意義開始浮現。例如，我過去常常收集冬青樹漿果，把它們藏在床下的罐子裡，直到我母親發現它們長滿蟲子然後扔了出去。事實上，我父母曾考慮將我命名為荷莉（Holly）[6]，只是他們覺得這名字聽起來跟我們的姓

---

[6] 譯注：Holly 同冬青之義。

氏不搭。後來我還在學校戲劇演出中扮演一個冬青女孩。」她記得她在舞台上高喊「把冬青樹拖出來！」（Haul out the holly！）

那麼，或許她之後在苗圃從事培育工作，並最終開設自己的本土植物苗圃，主要種植美國本土冬青，也是命中注定的。如今她的苗圃佔地約七十英畝，其中一半是成熟的樹林，另一半是栽培花園和樹苗。這片土地透過土地信託基金得到保護，並通過美國冬青協會（Holly Society of America）認證為植物園。

「我想我的這片土地上有約上千棵冬青樹，」她說，「分屬六十多個不同的物種，這是我做了大概兩三百次抉擇的結果。這意味著我從自然存在的族群中選擇出具有某些突出特徵的樹。冬青樹就像人一樣，彼此之間都有些差異，就像我們儘管是同一物種卻各有不同。」

她可以透過種子，以代代相傳的方式複製物種特徵。然而後代不會全然相同，就像人類的孩子也不會完全肖似父母。「我相信一切都在大自然手中，如果看到出色的樣本，我會挑選並剪下它。」她的選擇還包括顏色較深的葉片、深紅色或亮橙色的果實，又或者生長速度非常快或更容易在容器中培育等特徵。但要能找出這些特質，她必須深入瞭解這些植物。

「我的生活、飲食和呼吸都離不開冬青樹，」她說。「你必須花費數年時間與它們一起生活、一起工作，還必須極度尊重樹木。它們會讓你知道它們的需求。」

她對美洲本土冬青（*Ilex opaca*）特別感興趣，這種植物在她的家鄉賓州被認為是受到威脅的物種，而她的使命是教育和鼓勵人們種植。「對於野生動

物來說，你找不到比這更好的植物了。數十種鳥類以它的果實為生，鋸齒狀的葉片可以保護築巢中的鳥類，甚至樹幹底部的空間也能提供庇護。冬青樹生命力極為頑強，可以生長在懸崖邊，耐乾，木材堅固耐用，而且四季常綠。」

這份堅韌吸引了她。「整個秋天，它們都緊緊抓住葉子。到了春天，老舊內層的葉片掉落，長出新葉。我就愛這種不符常規的特質──它們凡事都倒著來。我真想這世界滿滿都是冬青樹。」

「我活著就是為了繼續未完成的工作，
我想。我永遠不會停止種樹。」

收藏家的收藏家

班．艾斯克倫 *Ben Askren*

奧羅拉，美國俄亥俄州

三十多年前，班．艾斯克倫萌生了成立樹木博物館的想法，彼時他還是修習樹木學課程的學生。「那是改變我生命的一堂課，」他說，「剛開始觀察樹木，感覺就像是，哇！看看每個物種間的差異之大。但問題來了，假如你想比較不同的楓樹，便少不了長途跋涉，因為樹木總是分散在各地。我當時就有個想法，想說如果能將同一家族的樹都聚在一地，那就再好不過了，這樣你就可以看到它們的相似之處。」

作為樹藝師，他曾在樹木養護公司工作，也曾為小鎮的城市林業計畫提供諮詢，在整個職業生涯中，他都不斷尋找創辦博物館的機會。

「有一次我幾乎要成功了，」他說。「當時我工作的城市規劃整理一塊舊墓園中的樹木。我認為這會是個完美的地點，可以按部就班地把整塊墓地裡的樹木全都清理掉。但與公家機關合作時，有時計畫生變了，你卻渾然不知。所以當我運來所有樹木、抵達現場時，才發現有人已經種好樹了——而且沒有規則可言！」

2014 年，機會再度降臨，那時俄亥俄州奧羅拉（Aurora）開始開發一塊先前收購的農地（艾斯克倫現在是該城市的樹藝師）。「原本的計畫是建造運動場，」

他說，「奧杜邦協會（Audubon Society）擁有毗鄰這片土地的一片森林，所以我們需要一個緩衝區。」一條綠樹成蔭的小路正是該地點所需要的。為了將那條路打造成樹木博物館，艾斯克倫進行遊說、取得許可，整個過程並未花費太多力氣。他讓路上布滿樹木收藏家喜愛的各種稀有植物，種植的順序也有益於教育新一代的樹木學家。

「我們的想法是按照樹木在化石紀錄中出現的順序排列，但沒有人能完全肯定這點，」他說。古植物學家的新發現經常會影響植物分類學家，使他們重新劃分物種，因此艾斯克倫心目中的序列也可能會被修改。

「每個人都同意從銀杏到鐵杉的化石紀錄，」他說，「但到了開花樹木時，情況就不一樣了，難以取得共識。曾有過一段時期人們只需要同意一個人的決定，但現在情況變得像北約一樣。[7] 來自各國的代表每十年聚會一次，試圖做出決定。我只能盡可能地照著他們的規矩來。」他從出現在兩億多年前化石紀錄中的銀杏（*Ginkgo biloba*）開始，最後以俄羅斯橄欖（*Elaeagnus angustifolia*）作結，後者是一種相對來說較晚近出現的植物，大約在兩千萬年前才出現。

艾斯克倫喜歡在這條路上漫步，這裡現在有四十四科，四百八十個物種。他可以透過這些樹點出新的科出現時所發生的變化，「你可以追蹤各個時

---

[7] 譯注：NATO，指北大西洋公約組織。

代的授粉和種子傳播。你可以透過木蘭看到開花樹木是何時出現的，以及授粉者——飛蛾、蜜蜂、螞蟻，甚至動物開始出現的時間序列。」

出現在這道時間序列上的正是令收藏家們著迷的樹木種類。他從田納西州的美國樹木遺產苗圃購買富有歷史意義的樹木，該苗圃出售生長在名人家中的樹木後代，或是與重要人物、地點有某種關聯的樹木後代。「我有一棵羅伯特佛洛斯特[8] 樺樹、一棵威廉福克納[9] 奧塞奇橘子樹、一棵愛倫坡[10] 樸樹、一棵亞歷克斯哈利[11] 山核桃樹，以及一棵愛蜜莉亞艾爾哈特[12] 楓樹。說到航空旅行，這裡也有來自密西西比州的月亮樹[13] 後代。我還得製作標誌來解釋它們的來歷。博物館都會做標誌，我的樹木博物館也試著這麼做。」

他也會興高采烈地講述博物館中有趣罕見的樹木，「我有棵弗吉尼亞圓葉樺樹（*Betula uber*），它是第一棵被列入瀕危物種名單的樹木，但現在情況好

---

[8] 譯注：羅伯特・李・佛洛斯特（Robert Lee Frost，1874～1963）。美國的詩人，曾四度獲得普立茲獎。

[9] 譯注：威廉・卡斯伯特・福克納（William Cuthbert Faulkner，1897～1962）。美國小說家、詩人和劇作家，1949 年諾貝爾文學獎得主。

[10] 譯注：艾德加・愛倫・坡（Edgar Allan Poe，1809～1849）。美國作家，以懸疑及驚悚小說聞名。

[11] 譯注：亞歷山大・莫里・帕爾默；亞歷克斯・哈利（Alexander Murray Palmer；Alex Haley，1921～1992）。美國作家，小說《根》的作者。

[12] 譯注：愛蜜莉亞・瑪麗・艾爾哈特（Amelia Mary Earhart，1897～1937）。美國飛行員和女權運動者，是歷史上第一位獨自駕機飛越大西洋的女性。

[13] 譯注：參考本書 276 頁。

多了。我還依照建州年的順序種植了五十棵州樹中的四十八棵，只差亞利桑那和夏威夷的州樹——它們就是無法撐過這裡的冬天。」

他的許多樹木剛開始幾年都掙扎著度過俄亥俄州的冬天。他擔心酷寒的殺傷力，遂將部分樹木置於一‧八公尺大小的容器中，冬天就移至溫室，但他無法對每棵幼樹都這樣做。「我知道我將不得不繼續種植新樹以為替代，」他說，「但這沒關係。我活著就是為了繼續未完成的工作，我想。我永遠不會停止種樹。」

社區建設者
COMMUNITY BUILDERS

「它們過去曾是一片大森林的一部分，
因此可以再次連接起來。」

圍欄建造者

阿拉馬耶胡 · 瓦西 · 埃謝特 *Alemayehu Wassie Eshete*

赫達爾，衣索比亞

將一州境內幾乎每一棵樹都納入收藏似乎有些勉強。但在衣索比亞北部，教堂卻不可思議地管理著幾乎所有的倖存樹木。

阿姆哈拉和提格雷（Amhara and Tigray）兩地加總起來大約是半個加州的大小。雖然曾經林木茂盛，但三千年來的農業發展讓地力消耗殆盡。特別是上個世紀以來，人口急劇增加，土地所承受的壓力也隨之加劇。如今飼牧業接手這片土地，除了教堂周邊地帶，其他地方幾乎完全見不到樹木。

「在衣索比亞教會[14]，人們相信你是穿過伊甸園進入教堂的，」在該地區工作的森林生態學家阿拉馬耶胡 · 瓦西 · 埃謝特博士說，「每座教堂都被一圈森林包圍著。這些實際上就是該地僅有的樹木。如果你從上方俯瞰，你會看到這些森林如小島般，被裸露的土地環繞著。」

阿拉馬耶胡還記得童年時期，教堂周圍的森林用茂密的樹冠為人們提供涼爽、陰涼的憩息場所，森林裡充滿著鳥鳴、嗡嗡蟲聲和猴子嘰嘰喳喳的聲

---

[14] 譯注：此指 Ethiopian Orthodox Tewahedo Church，即衣索比亞正統合性教會。

響。當中可以找到衣索比亞古老森林遺留的一切，圍繞著覆蓋錫製屋頂的圓形保護區。聖所內的壁畫甚至是用樹皮、樹葉和果實製成的顏料繪製。教堂和森林同為表裡。

「我赴大學學習森林生態學，」他說，「回來時，我看出森林正在萎縮。擴大牧場和畜牧業產能的壓力如此之大。動物踐踏教堂森林並毀壞樹苗。我們已經失去了 90% 的森林，而他們還在摧毀遺留下來的森林。」多年來他在各種非政府組織工作，嘗試找到保護衣索比亞教堂森林的方法。「我無法介入告訴這些社群該如何做，」他說。「他們必需自行找到答案，而牧師們也確實找到了自己的解決方案。」每座教堂森林內，都有一堵低矮的石牆圍繞著建築物，標誌著神聖空間的入口。從上方觀看，每片森林都呈現輪胎狀，石牆就像車輪蓋的窄邊。

「牧師們決定在森林周圍再建一道牆，」阿拉馬耶胡說，「這堵牆的目的是為了將森林納入教會的保護，而非排除任何人。」當地人自行用石頭建造圍牆，農民們很高興能把這些石頭從他們的田地中運走。城牆夠高，足以阻止牛群吃草，但也設有歡迎來客的大門。

隨著石牆就位，樹木也順其自然，重新生長。森林裡鳥類和蜜蜂繁衍生息，石牆也成為昆蟲和蜥蜴的棲息地。該地區 80% 的授粉者都生活在教堂森林中。這些樹木還有助於提高地下水位，充當防風林，並提供迫切需要的涼蔭。

阿拉馬耶胡對生長在教堂周圍約兩百種不同的樹木和木本灌木進行編目，其中幾乎所有樹種都原產自該地。非洲杜松（*Juniperus procera*）對該地區的生態尤其重要，瀕臨滅絕的藥用物種非洲李（*Prunus africana*）也不遑多讓。

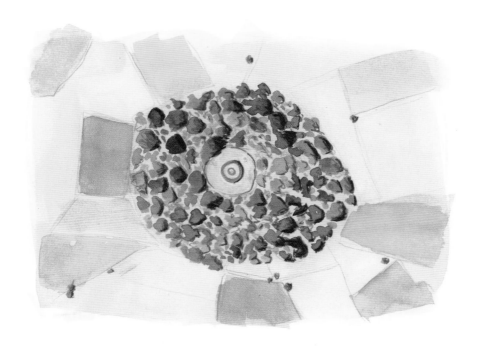

「這些是古老森林的零星殘留，」他說，「當中有些樹木在世上其他地方並不算特別罕見，但在這裡，它們正逐漸消失。」

負責建造圍牆的牧師得到了補助金來完成工程和建造廁所，這不僅有利於上教堂的人，也保護了森林生態。到目前為止，阿拉馬耶胡已經透過他領導的非營利組織 ORDA Ethiopia 籌集資金，支持了三十六個教會在森林周圍興建圍牆。

還有多少需要保護的對象？大約還有三萬五千座森林。但阿拉馬耶胡並不因而生畏，他指出，森林之間的平均距離只有三公里。「人們認為這些森林微不足道。是的，森林不大，但是聚沙成塔。你可以在它們之間走動。它們過去曾經是一片大森林的部分，因此可以再次連接起來。」

「你是說有一份工作可以決定樹木該種在哪裡？」

景觀設計師

黛安・瓊斯・艾倫 *Diane Jones Allen*

紐奧良，美國路易斯安那州

「我是都到了要大學畢業了，才知道什麼是景觀設計，」黛安瓊斯艾倫說。「我驚訝不已。我當時的反應就像，你是說有一份工作可以決定樹木該種在哪裡？」

景觀設計師這份工作讓她有很多機會決定該如何種植樹木。她首度展示自己熱愛樹木的機會，就在紐奧良的阿姆斯特公園（Armstrong Park）。她在那裡設計了一個爵士樹林，「我們要種植的是可以用來打造樂器的樹木。所以我必須研究何種樹木可以製作鼓和其他傳統非洲樂器。」

2005 年卡崔娜颶風過後，一個更個性化的樹木收藏誕生了。當時她和同為景觀設計師的丈夫奧斯汀・艾倫（Austin Allen）住在下九區（Lower Ninth Ward）。那時隔壁的房子正要出售，儘管屋況有待大肆整修，他們仍舊將其買下，打算轉做辦公之用，也做為退休後的居住空間。該場地最吸引他們的一點在於空間大小。

「對那片土地，我們有作為景觀設計師會有的想法。此外我們是素食者，所以我們會食用大量的水果。」他們在花盆裡種植果樹，發現這些果樹易於種植和分享。「你知道，將酪梨籽放入盆中就能生長，鄰居還給了我們

一棵香蕉樹。現在我們在住家附近四處交易水果。」

氣候變遷帶來的暖冬，讓紐奧良可以種植的熱帶水果品種遠勝往日。芒果和木瓜通常生長在墨西哥或南美洲的熱帶雨林中，現在卻在她住家所在的社區內茁壯成長。木瓜樹尤其引人注目：像棕櫚樹一樣，單一樹幹上懸掛著一串串巨大的果實，裂紋深刻的葉片遮蔽著從綠色到橙色、成熟度不等的果實。這些樹木像是已為狂歡節盛裝打扮。

偶爾的寒流會造成它們的死亡，但艾倫態度堅定。「我只要設法讓它們成長到一定的大小，它們就能活下來」她說。三不五時的天寒地凍也不全然是件壞事：甚至可能對她迫切渴望種植的桃樹有利。「桃子實際上需要寒冬。沒有一段時間的寒冷，桃樹是無法結果的。」[15] 氣候變遷的輪替最終將決定她收藏的未來。

除了在路易斯安那州隨處可見的柑橘樹，艾倫也種植橘子、檸檬、枇杷以及石榴，還有一些在鄰里其他人之間相傳的植物，如生薑和葡萄。當地的非營利組織會分發柏樹，試圖恢復下九區的樹冠風光，所以她也種了柏樹。因為丈夫想要在聖誕節後將節慶裝飾用的聖誕樹種在戶外花盆中，所以雲杉和松樹現在也被納入收藏。「他的環保意識有點過頭了，」她說，「這樣持續下去，我們將不得不取得更多土地。」

將附近街區鄰居納入擴大的果樹收藏的想法，不僅形成一種社區意識，也讓每個人都收穫滿滿。夫婦倆會協助教導鄰居們種植果園。他們將一棵橘子樹苗給了鄰居，雖然他們自己失敗了，鄰居的橘子樹卻茁壯成長。「我們總是讚嘆他的園藝天賦。」她說。另一位鄰居則種植檸檬和石榴，用來交換艾倫花園裡的香蕉。

他們的酪梨也有賴好鄰居：酪梨樹會開兩性花，這意味著它們會產生雄花和雌花。但這兩種花朵永遠不會同時開放，以避免自花授粉。這就是為什麼酪梨樹需要鄰近的另一半。「我指望鄰居們能栽種，這樣我們雙方都能收穫水果。」她說。

許多樹木相互依存，依賴鄰近花園的花粉，好結出果實。樹木和鄰居之間交織出的社區意識，滿足了艾倫的職業抱負和個人熱情。「我們經營花園，更多的是出自愛樹之心，」她說，「從事景觀設計則是因為我們想讓社區變得更好。」

---

[15] 譯注：桃樹需要累積足夠長時間的低溫，樹木才會開始開花。

「我就想著應該為
村裡出生的所有
女兒們種樹。」

女孩們的靠山

夏姆・桑德・帕利瓦爾 *Shyam Sunder Paliwal*

拉賈斯坦邦，印度

女兒去世後，夏姆・桑德・帕利瓦爾意識到他的村莊必須做出一些改變。

「2007 年，我女兒出現脫水症狀。我們無法得知這是怎麼一回事。她馬上就因為血壓過低而死。這讓我相當悲痛，也讓我明白了女兒在我心裡的份量。十二天後，我種下了一棵樹紀念我女兒其蘭（Kiran）。從那時起，我就想著應該為村裡出生的所有女兒們種樹。」

他有充分的理由想要特別紀念女兒們。1990 年，諾貝爾經濟學獎得主阿馬蒂亞・森（Amartya Sen）撰寫有關印度「消失女性」議題的文章，指出從兩性出生率的差異可以看出墮胎或殺嬰現象。政府政策在解決該問題方面雖有取得些許進展，但帕利瓦爾知道，女性的價值仍然被低估。「父母認為女孩總要離家。她們必須去婆家，而男孩會長大、賺錢，讓父母晚年生活無虞，成為父母年老時的依靠。」

身為拉賈斯坦邦皮普蘭提村（Piplantri）的民選領袖（sarpanch），帕利瓦爾看到改變的契機。他提出一項計畫，每當有女孩出生，就種下一百一十一棵樹。最初，111 這個數字指的只是三棵樹。「這個想法的開始是我在紙上寫下『為女孩種下一棵樹，為她的母親種下一棵樹，為她的父親種下一棵樹』，

這些數字讀起來像 111，所以我們決定為新生的女孩種下一百一十一棵樹。我們認為一百一十一是個吉祥的數字。」

自 2007 年以來，各家各戶會聚在一起，慶祝女孩的出生，在村莊郊外植樹並承諾照顧這些樹。在一個名為「保護繩節」（Raksha Bandhan）的夏季節日裡，女孩們會在為紀念她們而種植的樹上繫上繩子。

「歷史傳統是女孩會在兄弟的手腕上繫繩，意味著兄弟像戰士般保護姐妹的榮譽，」帕利瓦爾說，「在我們的節日裡，這些樹是父母親手種下的，所以女孩認為樹木就是她們的兄弟；但角色互換了，因為是女兒她誓言保護這些樹。」

當地苗圃為這項新舉措培育了數十個樹種，其中包括印楝樹（Azadirachta indica）、紅木（Dalbergia sissoo）和榕樹（Ficus benghalensis）。這種植樹的努力打造出繁茂的生態系統，樹木開始自行萌芽。儀式性的種植加上志工的幫助，讓這個村莊現在被大約五十萬棵樹包圍。

這片森林不只是女孩生命價值的象徵。它提供了遮蔭，清淨空氣，既是野餐的地點、也是野生動物棲息地，還可以透過減少蒸發幫助雨水滲透，以利提高地下水位。因為巨型大理石礦廠的陰影籠罩著該村莊所在地點，對空氣和水質造成汙染。「我們正在努力彌補這項損失。」帕利瓦爾說。

這項最初作為紀念的活動，已成為其他村莊效仿的生態女性主義和經濟發展計畫。在森林周圍，家庭手工業如雨後春筍般湧現：除了採收芒果和其他水果，婦女們還種植蘆薈，製作果汁或凝膠，並將竹子製成家具。

帕利瓦爾將植樹造林計畫與另一個想法結合：為女兒植樹的家庭也會獲得一個由村民捐款資助的儲蓄帳戶，做為女孩的教育所需和未來嫁妝。父母承諾確保女兒就學，並且在十八歲之前不論婚嫁。迄今為止，已有約一千名女孩受益於該計畫。

帕利瓦爾所為讓他獲頒印度政府最高公民榮譽的蓮花士勳章，但村莊的轉變才是最重要的。「我父母最後的儀式就是在這裡舉行的，我的子嗣也在這裡出生。」他說，「我希望所有村民都可以說『我可以為我的村莊做任何事。我的村莊對我來說是最神聖的地方。』」

「遊客問我們
怎麼有辦法在海岸邊
買下一片森林，
我們回答
自己並沒有這麼做。
我們在岸邊買下了
一座牧場，
然後種出一片森林。」

聯合收藏家

馬克斯・伯克 *Max Bourke*

坎培拉，澳洲

馬克斯・伯克的樹木收藏不單屬於他自己一人。他們一伙十六位老朋友，在四十年前聯手買下了一塊沒有樹木的土地。

實際上，該地並非完全不見樹木的蹤影。「我們確實發現三棵輻射松，還有一些樹樁，」他說，「就只有這些。」這三棵樹通常被稱為蒙特利松，甚至不是澳洲本土樹種，而是來自加州。

這塊土地位於蒂爾巴中部村（Central Tilba）附近，面積約六十英畝，曾是牧牛場。但從 19 世紀的照片看來，這裡曾被森林全面覆蓋。

伯克是位植物科學家和保育專家。在擔任澳洲遺產委員會主任時，他和朋友（包括科學家、歷史學家和教師）提出了復原土地、建造度假小屋和開放使用約一英里未受污染的海岸線的想法。

「我們這群人中的某些人想要漂亮的度假小屋，這很好，」伯克說，「但很多人都想要復原森林。」他們開始沿著海岸收集本地樹木的種子。在過去的四十年中，他們在這片土地上種植了大約十五萬棵樹，當中包括為數眾多的當地特有斑點膠樹（*Corymbia maculate*），其中某些樹現在已經長到

三十公尺高。

「遊客問我們怎麼有辦法在海岸邊買下一片森林，我們回答自己並沒有這麼做，」伯克說，「我們在岸邊買下了一座牧場，然後種出一片森林。」

儘管一開始的計畫是只種植本地樹木，但是規則就是用來打破的，不管對象是這十六位朋友，或是其配偶、孩子和客人。「一名最近去世、享年九十五歲的成員，偷偷塞進了幾棵橡樹，我總是用電鋸修理這些橡樹，」伯克說，「還有六棵三葉楊。我總有一天會想辦法除掉它們。」

但就連伯克自己也設法滿足自身的興趣，從澳洲各地引入更具異國情調的本土樹木。「我對一種非常奇怪的尤加利樹 *Eucalyptus conferruminata* 很感興趣，該樹種來自西南海岸的島嶼。與其他尤加利樹不同，它的葉片和果實令人驚嘆。這種小樹非常有趣，我想我大概出於好奇而培育了該樹三十五年，現在我們有數百棵之眾。」

幾十年來，這群人經歷了出生、死亡、結婚和離婚。孩子們繼承了父母的所有權，並希望這片土地代代相傳。隨著時間過去，樹木充盈了土地，使土地恢復到原本的樣貌。只有一小塊區域仍維持裸地。「我們喜歡從屋裡看向大海，」伯克說，「為了開放的視野，我們保留了部分空地。」

在森林生長的同時，伯克忙於家庭和公職，並因此於 2004 年榮獲澳洲勳章。但這片由一群老友於數十年前共同種植的森林特別讓他開懷。

「我最自豪的事情，就是與這群人一起打造此處，」他說，「樹木讓我們人類能在地球上生存。這點對我來說相當重要。」

「我發現自己總是與
先前並不知曉的族人
一起生活。」

桃子守護者

雷根・維特薩魯西 *Reagan Wytsalucy*

蒙蒂塞洛，猶他州

「大學時我一開始主修商科，但我知道那不是我該從事的事業，」雷根・維特薩魯西回憶道。「所以我尋求父親的意見。他向我提及納瓦荷桃樹（Navajo peach trees）。」

在新墨西哥州蓋洛普（Gallup）長大的維特薩魯西還記得自己有個非常西化的童年。「有次我聽到美洲原住民這個詞，我問爸爸這是什麼意思？他只是看著我說：『說的就是妳。妳是美國原住民。』當時十歲的我毫不知情。」

這讓她開始去瞭解祖先留下的遺產。1864 年，美國軍隊迫使納瓦荷人離開新墨西哥州和亞利桑那州的土地，軍隊驅使他們步行四百英里，抵達新墨西哥州的薩姆納堡（Fort Sumner），這一事件後來被稱為「長征」（Long Walk）。數百人在途中死亡，拘留營的條件非常不人道，軍隊安置倖存者的嘗試最終失敗了。1868 年，營地倖存者步行返家。迎接他們的是一方遭到踐踏之地。軍隊摧毀了他們的農業，也包括桃子園在內。

在新墨西哥第一騎兵隊約翰・湯普森上尉（John Thompson）撰寫的報告中，提及了他如何奮力消滅納瓦荷桃樹。這份報告如今保存在國家檔案館，詳細介紹亞利桑那州東部謝伊峽谷地區桃子園遭到系統性破壞的悚然細節。

該事件始於 1864 年 7 月 31 日，那時「我發現一處桃子園，裡面有大約兩百棵結實纍纍的果樹，我砍倒它們」。幾天後，他寫道：「我砍倒了五百棵我在這個國家見過最好的桃樹，當時每一棵都結果了。」他總共記錄了四千五百棵果樹被剷除的情況。其他人緊跟在後，摧毀了更多的果園。

這些桃子園是納瓦荷人生活的重心，提供寶貴的貿易商品。然而讓這些桃樹倒下不只意味著毀滅納瓦荷人的財富來源，還旨在讓逃離長征、躲在峽谷中的族人挨餓。霍斯基尼尼酋長（Chief Hoskinini）是躲藏的倖存者之一，是維特薩魯西的祖先，一直到 1912 年才去世。

「他是一名看守者，」她說，「他圍捕剩下的牲畜，為歸鄉者準備好羊和牛，讓他們可以重新開始。」他也知道何處可以尋得倖存的桃樹，找到種子播種，以恢復果園。她父親記得小時候吃過那些桃子。

「我父親不確定是否能找到當年的任何一棵桃樹，」她說，「但這激勵我獲得學士學位，並廣泛學習園藝知識。」她告訴教授納瓦荷桃樹的故事，對方鼓勵她將其作為碩士論文計畫。他說：『你可以研究這種作物，尋找它們，而且我們可以獲得資助。』我當時心想，『等等，有人會付錢給我來做這件事嗎？』」

在她的計畫開始執行兩年後，桃樹種子才來到她的手上。她走訪農場和偏遠的老果園，會見部落首領，向每個可能發現這些桃樹的社群尋求認可，並制定一項種植和保護桃樹的計畫，使之成為造福部落的資源。最開始的數十棵桃樹正在猶他州的苗圃裡成長，而她已經計畫讓更多的種子發芽。

白色果肉的納瓦荷桃子通常較小顆，非常適合乾燥和保存。由於納瓦荷人從不嫁接樹木，只使用種子培育樹木，因此維特薩魯西也採同樣作法。隨著時間的推移，她希望既能找到苗圃合作、擴大產量，又希望能找到一種具文化正當性的方式來重新引介這些桃樹。目前她還在持續尋找古老的果園及其看守者。

「我持續尋找還記得霍斯基尼尼酋長、知曉他為族人所做之事的人。他的故事處處流傳，讓我發現自己原來總是與先前並不知曉的族人一起生活。無論我身在何處，人們都會敞開家門，為我提供棲身之所。透過這項工作，我瞭解了我是誰。我走在一條神聖的道路上，除了這個說法，我無從用其他方式來解釋。」

愛好者
ENTHUSIASTS

「我的這些善行都只是
出於熱誠。」

價高者得

莎拉・馬龍 *Sara Malone*

佩塔盧馬，美國加州

莎拉・馬龍在稀有樹木拍賣會上頗有名氣，「我被認定是那種花錢不手軟的人。所以他們會四處張羅，把一杯又一杯的酒端到我面前，就好像是說：『來去跟那女人喝一杯吧！』但沒人知道接下來我會不會出手。」

1995 年的英國花園之旅激發了她對樹木的熱情。「我回顧自己拍攝的照片，看到其中大多數都是巨大的樹木，雖然也混合了多年生植物。我帶回的是對這些樹木、樹皮、紋理、樹型和雄偉樹身的熱愛。這種發自內心的回應，讓我後續試著找出所有理由來解釋樹木能帶來的好處，你知道的，像是樹木可以提供遮蔭、降溫、進行蒸散作用等等。但我的這些善行都只是出於熱誠。」

植物園和樹木協會通常會為了募款而舉行樹木拍賣會，而這同時滿足了她的善良和熱情：這位花錢大方的收藏家藉以支持了有意義的活動。馬龍在加州佩塔盧馬（Petaluma）擁有四英畝的土地，她意識到加入植物協會的一個主要好處，就是可以獲得少見和奇異的植物。「拍賣會上的樹木大多無法透過尋常交易獲得，」她說，「可能是種植者未曾在這上面費心，又或者即使他們這麼做了，也會因為種種因素而找不到買家。像是黃木樹

（*Cladrastis kentukea*），開花需要十到十五年的時間。沒有苗圃會出資經營這種樹，因為它不開花時看起來毫不起眼，但我就會買一棵。」

儘管一棵樹的價格遠低於畢卡索的作品，但稀有樹木拍賣會的競價熱潮可與藝術品拍賣相媲美。「大概十年前，有回幾名女子為了一棵穆戈松（*Pinus mugo*）爭相競價，」馬龍說，「那是一棵很常見的樹。最終敲盤價為四千美元。這總是會引人爭議，像是『她花那麼多錢買一棵穆戈松？』我的意思是，顯然這是她想要的。這麼做也支持了植物協會。但我一直想知道那棵松樹後來怎麼了？」

樹木拍賣會的另一項吸引人之處，是會出售超大型樹木，有些收藏家會認定多花些錢購入明顯更為成熟的樹木是很值得的。「樹木要經歷很長的青春期才能長成某個樣貌，」她說，「如果你只種小樹，那麼你的地方在很長一段時間內看來就像是微型高爾夫球場。我真的認為收藏樹木不同於收藏珍稀的書本、珠寶或其他任何東西，因為樹木具有額外的時間維度。」

最引人注目的樹木拍賣會大多在奧勒岡州舉行，這是專營觀賞用樹木苗圃的業務重地。馬龍會從北加州帶著一輛運輸馬匹用的拖車前來參加精彩的拍賣會，這種拖車設有讓空氣流通的窗戶和一個水箱，是運送樹木的完美工具。「在我返回加州的路上，通過農業檢查站時，檢查員問我，『後面的拖車裡有牲畜嗎？』我答沒有，並向他們展示我手中的樹木清單總表，他們看了一眼拖車內容物然後不敢置信地搖了搖頭。」

將樹木從位在遠處的拍賣會帶回家才是真正的挑戰所在。「我有次在北卡羅來納州買下一棵阿富汗松。拍賣師恰好是是植物趣苗圃（Plant Delights

Nursery）的托尼・安文特（Tony Avent）。我下場競標時才意識到該樹高達一・八公尺，我無法運送回家。於是我大聲對安文特喊道，如果我得標，他就必須負責運送，他蠢蠢地答應了。他最終不得不製作一個巨型木箱好把這棵樹運至加州。」

在加州這個葡萄酒鄉經營土地二十五年後，她已經沒有空間可以種植這些奢侈品。超過兩千個不同的物種和亞種，在這片成熟且層次豐富的景觀中繁衍生息，只是略顯擁擠。「我的朋友瑞安・吉尤（Ryan Guillou）是舊金山植物園的館長，他老對我說：『你要考慮的不是它們能否存活，而是能否繁盛生長。如果它們無法茁壯成長，就該去掉。』去蕪存菁是我面臨的真正的挑戰，因為我會看著樹說：『可是我喜歡這棵樹，這棵樹太酷了。』但我確實管理不善。所以這就是我正在做的事情，清理掉那些無法蓬勃生長的樹木。」

「看上去有點像
我們在後院蓋了
發射台。」

因地制宜

戴夫・亞當斯 *Dave Adams*

博伊西，美國愛達荷州

在戴夫・亞當斯的丈夫約翰・沃特金斯（John Watkins）帶回一棵蘇鐵棕櫚（*Cycas revoluta*）之前，他從未有過任何收藏，也從未打理過花園。

「這植物當時只有一顆高爾夫球大小，」亞當斯說，「但我覺得它看來滿有趣的，就接手照顧它。我開始閱讀有關蘇鐵的資料，主要是為了知道如何才不會讓它死在我的手中。很快地，其他念頭開始浮現，『好吧，這株植物沒有死，也許我可以再嘗試其他植物。』」

嚴格來說，蘇鐵棕櫚並不是棕櫚樹——蘇鐵是一種可以追溯至三・二億年前的古老裸子植物。但它只是收藏棕櫚樹的入門款：樹型夠小，可當作室內植物，刺狀的葉片結構也使其成為相當引人注目的裝飾品。

「我開始向聖地牙哥的經銷商購買棕櫚樹，」亞當斯說。「最早的一批沒能全部存活。我養死了一棵三角棕櫚（*Dypsis decaryi*）和俾斯麥棕櫚（*Bismarckia nobilis*）。如果我住在佛羅里達州或加州，我會再試試看。」但他住在愛達荷州博伊西，該地冬日積雪達三十到六十公分高。

「我做了很多因地制宜的改善，」他說，「要讓棕櫚樹度過博伊西的冬天，

我必須嘗試模擬它們能生存的最低限度環境。」

部分生命力較堅韌的物種，如大絲葵（*Washingtonia Robista*）和中國扇棕（*Trachycarpus fortunei*）可以忍受寒冷的冬天，但即使如此，他們仍會提供這些植物些許的保護。他的丈夫描述這個過程：「為了讓幫助室外的棕櫚樹過冬，我們削減葉子後用粗麻布包裹樹木；接著在樹上纏繞聖誕燈（挑選大型燈泡的款式）以提供溫暖。這些燈有感熱裝置，當溫度降至1°C時就會啟動。然後我們用外層是亮面的絕緣罩包裹住它們，看上去有點像我們在後院蓋

了發射台。我們得要一個人站在梯子上，另一人負責抓穩絕緣罩的底部，才能將它們拉低蓋住整棵棕櫚樹。」

只有六棵棕櫚樹會在隔熱罩和聖誕燈的包圍下於戶外過冬，其他的則留在室內。亞當斯和沃特金斯住在郊區，後院的面積不大，搬遷移動棕櫚樹使其適應當地的冬季是項大工程。

「我有一棵酒瓶椰子（*Hyophorbe lagenicaulis*）會留在客房過冬，」亞當斯說，「我必須砍掉它的很多葉片才能讓它通過走廊。我們家在冬天時看起來就像是棕櫚樹的安寧病房。」

其餘的樹則待在車庫接受植物燈照射。「我總是把它們種在容器裡，因為我一定要在冬天將它們移到室內。年復一年，它們越來越重、越來越不易移動。光是把它們送到推車上都是件苦差事。其中有些高度已經快要撞到車庫天花板了。」

到了春天，棕櫚樹就會逐漸地移到戶外。「我每次都把它們帶到戶外車道上待個幾小時，這樣它們就不會被曬乾。鄰居們看到時總是很高興，因為當棕櫚樹現身戶外，便意味著夏天即將到來。」

關於因地制宜的改進方式（Zone pushing）

嘗試種植通常無法在美國農業部劃定的抗寒植物區生存的植物有時是種魯莽的行為。

樹木的集合名詞

有些適用於書面的集合名詞很奇特。「烏鴉謀殺者」（murder of crows）可以巧妙描述一群烏鴉，但不一定有科學根據。我們可能不會聽到植物學家提到「橡樹議會」、「楓樹馬戲團」或「紅杉集會」，但事實上，確實有特定的專業術語可以描述成群的樹木。

讓我們從拉丁文的樹木用詞開始：植物園（arboretum）是樹木的集合。樹木收藏家會使用拉丁文 -etum 後綴（用來定義樹木或植物的集合），來描述任意數量的特定樹木收藏。有些是顯而易見的──palmetum 是棕櫚樹（palm）的集合；但有些情況，比方說如果你不知道楓樹的拉丁文名稱 acer，可能就不會意識到 aceretum 是楓樹的集合。

Aceretum

楓樹的集合名詞，源自楓樹的屬名 Acer

Betuletum
樺樹的集合名詞，源自
樺樹的屬名 Betula

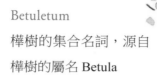

Citretum
柑橘（citrus）果園

Coniferetum
針葉樹（conifere）的集合名詞

Laureletum

月桂樹（laurels）的集合名詞

Olivetum

橄欖樹（olive trees）的集合名詞

Palmetum

棕櫚樹（palm trees）的集合名詞

Pinetum

松樹（pine trees）的集合名詞

Quercetum

橡樹的集合名詞，源自
橡樹的屬名 Quercus

Salicetum

柳樹的集合名詞，源自柳樹的屬名 Salix

「有時我覺得
自己格格不入。」

植物的諾亞方舟

湯姆・考克斯 *Tom Cox*

坎頓，美國喬治亞州

湯姆・考克斯的私人植物園可以回溯到他當兵的日子，那時他偷偷將植物帶到軍事基地，用來美化無人打理的庭院。「在那種情況下，事前取得許可不如事後尋求諒解，」他說，「我美化當地環境。雖然它從來都不是我的財產。」

在軍隊服役二十年後，他退休並在電話公司找到一份工作。「我想指出，你眼前的樹木收藏都是靠我在電話公司的薪水支持的，」他說，「我們從來都不算富有。」1986 年，他和妻子在亞特蘭大北部買下十三英畝土地。他的想法是要創造一個植物的諾亞方舟。他特意選擇了這塊地，因為它含括喬治亞州的各類生長條件：沼澤濕地、高地以及乾爽涼蔭。「我想種來自世界各地、能在這個地區茁壯成長的所有最稀罕和奇異的樹木。」他說。

他開始參加園藝研討會和當地植物協會的聚會。漸漸地，來自世界各地與他志同道合的收藏家開始向他敞開大門。「有時我覺得自己格格不入，」他說，「但是這些植物學家、科學家和植物獵人看到我的興趣和熱情，將我納入他們的羽翼之下。記住植物的拉丁文名字對我來說不是難事，我對這類事物有著百科全書般的記憶力。」

透過與樹木協會和其他園藝團體的聯繫,他和妻子伊芙琳開始四處旅行、尋找罕見植物。「我們去過很多地方,從亞速群島到澳洲和紐西蘭,再到日本、中國以及墨西哥的雲霧森林。有時候我會坐下來捏自己一把,以確定自己是不是在作夢。我缺乏特殊的學術背景,單憑著對植物的熱愛和好奇走到這一步,現在我們突然被接納,進入了這個非常偏門而排外的世界。這是趟漫長的旅程。」

今日的考克斯植物園和花園是該州最重要的私人植物園。收藏的重點主要是針葉樹,但考克斯也種了從杜鵑花到山茶花再到楓樹等各種植物。苗圃在新品種上市之前,會先送一株到他手中,只為了試試看植物在園區氣候環境下的表現。「其中有部分植物將取得專利,」他說,「他們會附帶一份合同,要求我不會對外分享任何種子或插條。」

他最珍視的其中一種樹木,是瀕臨滅絕的百山祖冷杉(*Abies beshanzuensis*),這種樹的野生數量只有三棵,生長在中國東部浙江省南部方的一座山頂上。它的數量曾一度達到七棵,但其中三棵被挖出轉移到北京植物園,隨後於該地死亡。「我手中的這棵是從插條中長出的樣本,」考克斯說,「是一位英國收藏家將它送到奧勒岡州的苗圃幫忙嫁接的。」當野生的稀有樹木受到威脅時,繁殖並將其引入植物園和私人收藏,是幫助其生存的其中一種方法。

另一種雖不致瀕臨滅絕但很脆弱的樹木是台灣杉(*Taiwania cryptomerioides*),該樹已在他的花園裡生長了十五年。這種樹的樹幹又高又直,非常適合當作家具和棺材的木料,野生族群因而幾乎消滅殆盡。一個多世紀以來,它

一直在植物園和針葉樹愛好者的私人花園中生長。「長長的拱形樹枝讓它看來如此優雅。」考克斯說。「這是一棵完美對稱的樹。幸運的是，我每天從大窗戶向外看就能見到它。」

那片窗景如今顯得越來越重要——考克斯因患有一種罕見的神經肌肉疾病，只能坐在輪椅上。這給了他開始新計畫的靈感：他將部分最珍貴的樹木移到房子附近，沿著鋪設好的人行道種植。「我稱它們為『稀有中的稀有』，」他說，「我得將東西移近才能看見。這裡的一切都有輪子，這意味著我可以移動它們，而我確實移動了很多東西。實踐這個新的收藏方案讓我有繼續前進的動力。」

「當我和木蘭協會
的成員相聚時，
我成了另一名
木蘭愛好者。
我和大家一樣。」

木蘭花收藏家

貝絲・愛德華 *Beth Edward*

雪城，美國紐約州

貝絲・愛德華從事園藝長年不輟，而讓她成為收藏家的關鍵是一本主題為木蘭的書籍。「我曾參加花園讀書俱樂部，其中一本選書是桃樂思・卡拉威（Dorothy Callaway）撰寫的《木蘭世界》（*The World of Magnolias*）。當時我以為木蘭花只有三種：星花木蘭、二喬木蘭和荷花玉蘭。事實上，木蘭有數百個物種以及無數的雜交品種。但我當年完全沒概念。她在書中也提到了木蘭協會。我認為加入這個協會應該很有趣，但我當時並沒有真正採取任何行動。」

不過她受到的啟發足以讓她向專業苗圃訂購數棵木蘭樹。那些木蘭樹到貨時，還夾了一張傳單，上頭再次提到有關加入木蘭協會的訊息。這對她來說彷彿是命中注定，所以她報名並開始參加會議。當時她沒有預料到，這群玉蘭愛好者不僅能傳授她與樹木相關的知識，還給了她一種新的歸屬感。她對木蘭的興趣來自它們是一種非常原始的植物，可以追溯到恐龍時代。它們的演化早於蜜蜂，依靠甲蟲授粉。如今，木蘭在東南亞、南美洲和西印度群島的部分野生棲地受到威脅，於是木蘭協會舉辦募款活動，支持保育工作。「這就是失去野生木蘭令人心碎的地方，」愛德華說，「基本上，我們正在殺死亙古即存的樹木。」

木蘭花不僅古老而特別，它也非常美麗，擁有富有光澤的巨型葉片，繁茂的花朵可以綻放很長一段時間。愛德華花園中第一批開花的木蘭花因為開花時間過早，以致在春季綻放面臨霜害的危機。其他品種的花期橫跨整個夏季，有些甚至會在稍晚的季節中再次綻放。她最喜歡的是福來氏木蘭花（*Magnolia fraseri*），這是一種北美原生植物，花香聞起來像鳳梨可樂達雞尾酒。「樹周圍都聞得到花香，」她說，「它並非瀕臨滅絕或稀有的樹木，卻因為默默無名而無人種植。我種了三棵。」

木蘭協會開拓了她的眼界，讓她知道各類可以在雪城寒冷氣候下生長的木蘭樹種。有位成員向她演示了木蘭樹在秋天落葉後就無需陽光，讓她意識到可以在小花盆裡種植更多木蘭樹，到了冬季就可以將它們移進車庫。「我會將它們保持在約略高於冰點的溫度。我先生的車庫裡有輛車具備這種特殊的功能，所以我會把所有樹都藏在那台車裡，到了春天再移回來。」

其中也有一些樹是從木蘭協會的募款活動中販售的種子開始種植的，這些樹大約歷經五年就會成熟，並且注定要在戶外落腳。有些樹不夠耐寒，無法在紐約州北部過冬，但她無論如何都無法抗拒種植它們。「我會把它們種在容器裡，直到它們過大，無法進出車庫。那麼我就會把它們做成堆肥，」愛德華說，「並從頭開始種植下一棵。」

儘管數字不斷變化，她估計種在容器裡的木蘭大約有五十棵，還有一百棵種在土裡。「有一次我出門旅行，我先生在我不在家時計算他需要澆水的容器，結果發現總數是六十五個。他不是要抱怨，而是在報告。身為工程師的他喜歡數據。」

她從收藏中獲得的樂趣，和她作為木蘭協會成員的收穫交織在一起。該團體會規劃植物園和公共花園的實地考察，這讓她有機會和志同道合的收藏家一起環遊世界。「和來自大型植物園的專家們相偕參觀花園確實大大豐富了我的生活，他們掌握真正的專業知識。你可以四處走動，提出問題，聆聽他們的意見。這樣的學習經驗讓我獲益匪淺。」

除了樹木，她也從木蘭協會中得到的還有歸屬感。「社群會因為對某種植物的共同興趣而發展。我是名程式設計師，無論在職場或在家庭，都沒有人真正跟我擁有同樣的興趣。我孤身一人。但當我和木蘭協會的成員相聚時，我成了另一名木蘭愛好者。我和大家一樣。」

各種樹木協會

如果有兩名以上的人對一棵特定的樹木產生興趣，你就可以確信他們會組成一個協會來鼓勵大家種植、欣賞和保護這種樹木。其中許多團體都設有國際、國家和地區分會。在某些情況下，一些區域性的組織，像「加州稀有水果種植者協會」（California Rare Fruit Growers），儘管按其名稱應為地方性組織，但卻有著國際性的運作範疇。

歐洲黃楊木和園藝修剪協會
（European Boxwood and Topiary Society）

國際山茶花協會
（International Camellia Society）

美國針葉樹協會
（American Conifer Society）

國際樹木學會
（International Dendrology Society）

美國冬青協會
（Holly Society of America）

楓樹協會
（The Maple Society）

國際木蘭協會
（Magnolia Society International）

國際橡樹協會
（International Oak Society）

國際棕櫚樹協會
（International Palm Society）

加州稀有水果種植者協會
（California Rare Fruit Growers）

美國杜鵑花協會
（American Rhododendron Society）

「一旦做出選擇，我就背叛了其他的樹。」

終身收藏家

倫・艾瑟爾 *Len Eiserer*

蘭開斯特，美國賓州

倫・艾瑟爾一輩子都在收集。「我最早開始收集的是數字，」他說，「當時我就讀七年級。我開始按順序寫下每個數字，把它們寫滿了筆記本。然後有一天，我告訴一位朋友的父親我正在做的事情。他只是看著我，說：『但是小倫，你永遠不會完成。』他的寥寥幾句話終結了一切。我很清楚這麼做沒有任何意義。」

接著，他開始收集十美分硬幣。不是針對稀有或特別的十美分——而是來到他手中的任何十美分硬幣。「十美分硬幣很棒。當你擁有數百個在手中，會感覺很愉快。確切來說，這不能稱為硬幣收藏，我只是大量擁有。」

然後他又回頭收集起數字，「我開始注意車牌。我在教會停車場或雜貨店花費數小時記下車牌號碼。」

就讀心理學研究所時，他開始收集參考資料。他會針對特定主題開出一長串附帶注釋的參考書目。「我的收集行為從來沒有間斷過，」他說，「我寫了一本有關知更鳥的書，有段時間我會收集所有與知更鳥相關的物品。我們曾去一家小餐館，那間餐館會提供帶有鳥類照片的糖包。我會仔細檢查，找出所有知更鳥的圖片。於是我大概有五百個這樣的糖包，只是因為

上面有隻知更鳥。」

他和妻子在 1979 年買房，周圍是一片平坦單調的草地，這時他才開始對樹木產生興趣。他想在車道上種些樹，所以他在某個週末走進自家屋後的樹林，就地拔了些樹苗。「我不知道自己在做什麼，」他說。「這些是挪威楓樹。它們極富侵略性且惹人嫌，但當時我對此一無所知。我把它們種在車道上。我種下十六棵樹，到了春天驚訝地發現它們長了將近一公尺高。這讓我想要種更多樹木。」

「剛開始時我沒有想得太深，」他說，「但我非常好勝，所以當我讀到有位當地農民擁有大約九十種不同的樹時，我想，『好，我必須比他擁有的更多。』」

起初他的選擇是隨意的。「有段時間我有點瘋狂。每個樹種我只想留一棵，每棵都必須是不同種或栽培品種的樹。」他沒想到要在他立意種植的兩英畝半土地上設計什麼自然景觀，就只是將所有樹木像書架上的書一樣排列。

「我種下一棵樹，然後在距離六到八步之處再種下另一棵，」他說，「我持續追蹤自己種下的樹，使用電子表格記錄。」在樹木生長的最初幾年，他會測量並記錄它們的生長情況，直到樹木變得太高而無法在沒有梯子的情況下測量。

他種植了大約一百五十棵樹木，還有數量更多的樹被安置在房子周圍的容器裡。「我甚至收集了鏟子，」他說，「種植這些樹的過程中我使用很多鏟子，我仍然保留著每一把鏟子。」

他猶豫著該回答哪一棵是他最喜歡的樹。「人們總是問我這個問題，但一旦做出了選擇，我就背叛了其他的樹。老實說，我總是支持弱者。我小時候被欺負過，這讓我支持那些被霸凌者。即使某棵樹生病或快要死了，我也不忍心砍掉它。我希望給它機會。」

在他用盡所有空間時，他找到了一種虛擬收集樹木的方法。他成立網站「蘭開斯特樹木寶藏」，記錄他在蘭開斯特發現的最值得注意的樹。「我不僅記錄最巨大或是最稀有的樹，」他說，「記錄的理由也可能與這棵樹的歷史或形狀有關。人們可以基於任何理由認定某棵樹很特別而提名它登上網站。」

然而，用相機進行收集的方式並不能滿足他想要種植更多樹木的衝動。「每當我看到一棵我沒有的樹，我仍然渴望擁有。」

「我昨天在陪伴
一棵生病的樹。」

性格演員

愛德華．艾弗雷特．霍頓 *Edward Everett Horton*

恩西諾，美國加州

電影愛好者都會記得愛德華．艾弗雷特．霍頓在《毒藥與老婦》（*Arsenic and Old Lace*）和《柳暗花明》（*The Gay Divorcee*）等電影中扮演的角色，他在這些電影中與弗雷德．阿斯泰爾（Fred Astaire）和金傑．羅傑斯（Ginger Rogers）演對手戲。也有某一代人會在《飛鼠洛基歷險記》（*The Adventures of Rocky and Bullwinkle and Friends*）影集中認出他的聲音。而在加州恩西諾市（Encino）住久的人都知道，貝利莊園（Belleigh Acres）的主人就是霍頓，這位演員會在這座綠樹成蔭的莊園裡招待名人朋友，放鬆身心。

霍頓是位喜劇演員，人們只能透過他對好萊塢媒體所說的俏皮話，略為得知他的樹木收藏。1937 年有家報紙報導他「遲赴電影工作室的表演工作」，助理不得不去電他家。霍頓為自己睡過頭道歉，「我昨天在陪伴一棵生病的樹[16]，」他解釋道，「我從德國進口這棵非常昂貴的菩提樹。樹木醫生對它束手無策。我整夜沒睡，用火精靈[17]為它取暖，偶爾噴灑藥水，為它摘除各處的枯葉。等到它看起來比較好了我才上床——那時天已亮起。」

---

[16] 譯注：比較常見遲到理由是：「我昨天去陪伴一位生病的某人。」（sitting up with a sick person）
[17] 譯注：原文為 salamander，蠑螈，亦做傳說故事中的火蜥蜴。

同年，他寫了一篇輕鬆的文章，文中談到自己是出了名的好商量。「我的粉絲來信可以證明這點，」他寫道，「每天都有人拜託我幫忙償還他們的抵押貸款。」他承認自己很容易心軟，聲稱自己莊園雇用的工人數量足以解決恩西諾的失業問題。就連樹木也是他同情的對象：「購買老樹並移植到我的莊園裡是我的嗜好之一。我的最終目標是取得地球上每個國家的樹木或灌木。幾週前，我從英國返家時就帶回了幾個品種。最近的庫存顯示，我手上有四百五十多個品種。現在你相信我有多心軟了嗎？」

有關霍頓的檔案保存良好，但其中沒有任何線索提到他種植了哪些樹，或是他栽種樹木的興趣從何而生。我們確實知道的是，他的莊園中包括了玫瑰園、果園和一座寬敞的鄉村別墅。據記者所稱，每次拍照時都會發現又多了一個新房間。從該地的舊照片上可以看到無止盡的建築工程，以及成

列的幼樹種植在新鬆好的土地上。

他聲稱自己在 1925 年從「一名將入獄的走私犯」手中買下這片地產。隨著時間的推移，他說：「我蓋了城堡，」並將其擴建至二十二英畝的規模。該地用來舉辦派對和收集樹木，1940 年他還提供了一間小屋給費茲傑羅（F. Scott Fitzgerald）使用，當時這位作家正奮力想要完成《最後的大亨》（*The Last Tycoon*）這本小說。

1959 年，霍頓被迫同意出售十一英畝的土地，以利文圖拉高速公路的興建，這件事為寧靜的莊園度假時光畫上句點。他的房子不巧緊鄰新道路：事實上，他還協商在高速公路旁建造某種橋台來支撐他的後院。在一張 1960 年的照片上可以看到，他坐在鐵絲網圍欄前的藤椅上，身後就是高速公路，他用手指塞住耳朵以抗議噪音。今天在該高速公路上仍然可以看到那座橋台，但唯有一條以他命名的街道——愛德華‧霍頓巷（Edward E. Horton Lane）——能讓人憶起他那早已不復存在的莊園。

霍頓一直居住在該莊園直至 1970 年去世。他接受紐約州北部一家報紙的採訪時，曾將話題轉向樹木，以迴避人們對他為何從未結婚的長期疑問（該問題可以從他的長期伴侶、演員加文‧戈登〔Gavin Gordon〕身上得到答案）。談到婚姻的議題，他含糊地說，有一天他可能會結婚。「這類事情如此難以預料、突如其來，你永遠無法判斷，」他若有所思地說，然後又補充道他期待去喬治湖看望家人。他喜歡坐在那裡觀看樹上的鳥兒，眺望水面。「演員的生活少有這般安靜的時光。」他說。

名人堂：名人樹木收藏家

朱迪・丹契（Judi Dench）

知名女演員朱迪・丹契在她位於英國薩里（Surrey）的地產上植樹，以紀念失去的親人。丹契也倡導保存受到開發威脅的樹木遺產，並支持保育事業。她還會以其他意想不到的方式分享她對樹木的熱愛：

1987 年，巨大的橡樹樹枝掉落在她的土地上，於是她請當地的木雕師製作了心形木雕，送給在《哈姆雷特》劇組中的其他演員。在一部關於她如何熱愛樹木的紀錄片中，她說：「樹木是我眼下生活的重心：樹木，還有香檳。」

查克・萊維爾（Chuck Leavell）

萊維爾以身為歐曼兄弟樂團（Allman Brothers Band）和滾石樂隊的鍵盤手聞名，但他也是位環保主義者和林農。他和妻子羅斯・萊恩（Rose Lane）在喬治亞州的查倫林地保護區（Charlane Woodlands and Preserve）從事永續林業工作，並在 PBS 系列節目《美國森林》（America's Forests）擔任主持。他經常提到自己的三大熱愛：「我的家人、我的樹木和我的音樂。」

傑森・瑪拉茲（Jason Mraz）

這位歌手兼詞曲作者在聖地亞哥附近買下一座酪梨果園，成立瑪拉茲家庭農場。他種植了四十種水果和十一種不同種類的咖啡。他在那座農場的網站上這樣描述：「有些人收集汽車。傑森則收集果樹。」他還在巡迴演出時於造訪的城市植樹，並以〈植樹的人〉這首歌曲向祖父致敬。

亞方索・奧索里奧（Alfonso Ossorio）

奧索里奧是位罕見的抽象表現主義藝術家，卻不是位挨餓的藝術家：他的家族靠著投資菲律賓糖業發家致富，使他能於 1952 年買下一座位於東漢普頓，名為「克里克」的五十七英畝莊園。他幾乎收集了所有該時期主要藝術家的畫作，包括傑克遜・波洛克（Jackson Pollock）、克里福德・斯蒂爾（Clyfford Still）和路易絲・內維森（Louise Nevelson）。他還收集樹木，並發展成該國最重要的針葉樹收藏，並歡迎樹木協會的成員到他的花園參觀。

塞巴斯蒂安・薩爾加多 (Sebastião Salgado)

拍攝盧安達種族滅絕事件後,這位著名攝影師精疲力盡、精神崩潰,無法工作。在妻子萊利亞建議下,他們返回巴西的家族農場。當他們到達時,驚訝地發現薩爾加多童年記憶中的叢林已被摧毀。二十年來,他們負責監督復原一千五百英畝的土地,並種植兩百萬棵樹。今日,薩爾加多的「地球機構」(Instituto Terra)是負責保育、教育和宣傳工作的非營利組織。

徐太志 (Seo Taiji)

2010 年,韓國流行歌手徐太志的歌迷決定透過籌集資金種植森林,來紀念他的首張專輯發行二十週年。在世界土地信託基金的協助下,歌迷們在巴西極度瀕危地區的農地上打造了徐太志森林,資助種植五千棵樹以復原這片土地。

五年後,這位明星為了感謝他的歌迷,在附近又種植一片相應的森林以紀念支持者,即徐太志樂迷森林。

探索者

SEEKERS

「每個人都向我提及
各種我還未體驗的喜
悅之事⋯⋯對我這般
貪婪的收藏家來說，
這真是太難受了！」

探索者

伊內斯・恩里奎塔・朱麗葉塔・梅西亞 *Ynés Enriquetta Julietta Mexía*

伯克利，美國加州

想像你在五十歲時找到了終生的熱愛，投身大學讀書，然後一人獨自遊歷世上偏遠和未知的區域，去追求你的成就。

現在再進一步想像，時間倒轉到 1921 年，你是一名墨西哥裔的美國婦女，剛剛在療養院度過十年光景。

伊內斯・恩里奎塔・朱麗葉塔・梅西亞從未在自家土地上種植樹木以為收藏，但她曾為了科學研究的目的收集標本。就這層意義上來說，任何植物學家探索者都可以被稱為收藏家。但梅西亞與眾不同之處在於其收藏的眼光、膽量和驚人的數量，更不消說她為完成這項工作所克服的障礙。

她於 1870 年出生於華盛頓特區，父親是駐派當地的墨西哥領事館外交官。父母離婚後，她隨母親在美國度過了童年。在 1896 年，她搬到墨西哥照顧生病的父親，並在他去世後承擔起管理他的牧場之責。她在墨西哥度過一段悲慘的時光：她努力打理牧場，歷經第一任丈夫離世以及不幸的第二段婚姻，以致她鎮日待在自家臥室裡，蜷縮成一團，感到痛苦不堪。

1909 年，她因憂鬱症搬到舊金山尋求協助。她在給丈夫的信中直白地表示，

她無法「忍受這段婚姻關係」，而且她「從來不理解性愛，更不認為自己能做到」。這種貌似憂鬱症的境況，可能只是 20 世紀初的種種生活轉變中，女性為了滿足社會期望所遭逢的影響：她們被迫陷入一種無法忍受的關係，無法透過興趣或職業體現自己生命的價值。梅西亞無法繼續她在墨西哥的生活，並與丈夫永久分居。

她搬到亞雷基帕療養院（Arequipa Sanatorium），這是由菲利普‧金‧布朗博士（Philip King Brown）經營的灣區婦女機構，布朗博士相信有益的追求可以改善女性的生活。在布朗的照顧下，梅西亞對植物學產生興趣，這讓她重拾生命的活力。

她是拯救紅杉聯盟（Save the Redwoods League）和塞拉俱樂部（Sierra Club）最早的一批成員。1921 年，時年五十一歲的她在加州大學柏克萊分校修讀植物學。幾年後，她加入史丹福大學組織的探險隊，回到墨西哥從事植物採集。她很快便意識到自己更喜歡獨立工作，因此脫離探險隊，沿著太平洋海岸前進。單單這次旅行，她就收集到三千五百個樣本，數量驚人。

接下來的十三年裡，她徒步穿越拉丁美洲，常常是獨身一人或與在地嚮導同行，騎在馬背上，或是在戶外露宿數週或數月之久，忍受洪水、地震、險些因漿果中毒致命等各式災難。一趟阿拉斯加探險之旅，讓她成為第一位踏足今日迪納利國家公園採集樣本的植物學家。擁有無窮熱情的她曾經寫道：「每個人都向我提及各種我還未體驗過的喜悅之事⋯⋯對我這般貪婪的收藏家來說，這真是太難受了！」

植物學家妮娜・弗洛伊・布雷斯林（Nina Floy Bracelin）比梅西亞小二十歲，在她的家鄉擔任助手。梅西亞出門旅行時，布雷斯林會協助分類標本、負責通訊聯絡以及一般事項，以利梅西亞投身探索工作。她們的關係相當親近，持續終生：依據梅西亞在她的遺囑中交代的內容，布雷斯林在梅西亞於六十八歲因肺癌去世後，繼續整理她所收集的標本並保存她的遺產。然而，沒有任何歷史紀錄內容顯示她們曾是情人關係。布雷斯林晚年告訴採訪者說：「她不像你我這般在意他人。」

儘管梅西亞到了中年才開始植物學生涯，她卻收集了十五萬個植物樣本，其中包括五百個新物種。有五十種植物以她的名字命名，包括厄瓜多爾和哥倫比亞的棕櫚樹 *Ynesa colenda*。她的著作、照片和標本為世界各地的主要博物館和圖書館所收藏。

1937 年，在基多北部探險之旅中，梅西亞找到了珍稀的蠟棕櫚（*Ceroxylon quindiuense*）。她在陡坡窄徑上走過特別艱難的一天，這時，一棵美麗的蠟棕櫚樹出現在她面前。她趕緊跑過去拍照、採集樣本、測量、記錄。「然後我們踏上漫長的回程，」她寫道，「天黑後才抵達，很累，很熱，很髒，但很開心。」

植物探險家和以他們命名的樹木

約瑟夫・班克斯
(Joseph Banks, 1743–1820)

協同庫克船長航行的英國植物學家。1770 年在澳洲海岸採集到變葉佛塔樹（*Banksia integrifolia*）。

大衛・道格拉斯
(David Douglas, 1799-1834)

蘇格蘭植物學家，遊歷北美，特別是太平洋西北地區，他在該地區辨識出北美黃杉（*Pseudotsuga menziesii*），並將其命名為道格拉斯冷杉（Douglas fir）。這棵樹的俗名雖以道格拉斯為名，但拉丁文名稱歷經數度修改，最終以另一位蘇格蘭植物學家阿奇博爾德・孟席斯（Archibald Menzies）的名字來命名，他比道格拉斯早了三十年述及這棵樹。

亞歷山大‧馮‧洪保德
（Alexander von Humboldt, 1769–1859）

德國科學家和探險家，足跡遍布美洲。探險家同伴艾梅‧邦普蘭（Aimé Bonpland）以他的名字命名洪保德橡樹（*Quercus humboldtii*），他們在安第斯山脈共同發現了這棵樹。

曼紐爾‧因克拉‧馬瑪尼
（Manuel Incra Mamani, 卒於 1871 年）

玻利維亞植物獵人，曾與英國探險家兼牧場主人查爾斯‧萊傑（Charles Ledger）一起工作。馬瑪尼長年辛苦協助萊傑尋找藥用奎寧樹皮的來源，最終被監禁並遭毆打致死。他的犧牲並未受到肯定：榮耀歸於萊傑，從而奎寧樹，或稱祕魯樹皮樹（*Cinchona ledgeriana*）就是以萊傑的名字命名的。

法蘭克·邁耶
(Frank Meyer, 1875–1918)

荷蘭出生的美國公民，被美國農業部派往中國，尋找可使農民獲益的新植物品種。邁耶檸檬（*Citrus × meyeri*）就是由他引進美國的物產。

瑪麗安·諾斯
(Marianne North, 1830–1890)

英國藝術家和植物學家，遊歷各地，並根據所看到植物創作大膽的油畫。她在印度洋的塞席爾群島採集到一種開花植物樣本並送往邱園（Kew Gardens），園長約瑟夫·胡克（Joseph Hooker）以她的名字命名這棵樹——*Northia seychellana*。

「樹木才是我一直
　以來的答案。」

基因收集者

盧卡斯 · 德克斯特 *Lucas Dexter*

安格溫，美國加州

盧卡斯 · 德克斯特從小被父親的樹木收藏包圍長大。「我父親擁有植物學學位，」他說，「在我四歲左右時，他開始把稀有的針葉樹和楓樹種進土裡。隨著它們長成大樹，我也一起長成了大人。」

德克斯特從來沒有好好欣賞這片自己成長的植物仙境，直到他在矽谷遭受滑鐵盧而返回家鄉。那時他失去了工作和自己創辦的公司，「我被驅趕出門，車子也被扣押，而女友離我而去。接下來的一年是我人生中最黯淡的日子。我拒絕承認失敗、酗酒乃至最終憂鬱上身。最後我放棄了這座城市，酗酒，又在錯誤的地方打轉。其實樹木才是我一直以來的答案。」

他回到父親的園林綠化公司工作。這一次，他明白了父親何以為樹著迷，以及樹木對個人生活的重要性。「父親在我買第一棟房子時給了我一棵樹苗，這棵樹苗是父親在他的某棵日本楓樹下發現的，」他說，「母樹的葉片各有不同，但後代幾乎全都是帶有亮粉光澤的雜色葉片。我父親種植這棵樹已有十年之久，並以我母親的名字『愛麗絲』為它命名，然後交給了我，結果第一個夏天這棵樹就死在我的手中。」

失去這樣真心的禮物帶給德克斯特很大的衝擊。他在父親的土地上搜尋，

希望能找到另一棵類似的樹苗。儘管多年來他發現許多有趣的雜色日本楓樹不斷出現，但他再也沒能找到另一棵類似「愛麗絲」的楓樹。他後悔在失去這棵樹之前沒有保留它的基因。

他絕不會讓這種事再次發生。為此，他不僅學會嫁接日本楓樹，也開始在進行景觀美化工作時，注意不尋常的突變樹種並收集它們。「即使在路上開車，我也總是睜大眼睛尋找突變或變異種，」他說，「如果我被一片雜色或金色的葉子吸引了，我就會靠邊停車。」

德克斯特尋找的是一種只會部分影響樹木的基因變異——芽變。所謂的芽變，指的是隨著樹枝的生長，植物組織內的細胞可能會發生自發性的突變，導致新長成的部分看起來略有不同。雜色葉片通常就是這樣形成的：植物開始製造不生產葉綠素的細胞，在葉片上留下白色條紋和圖案（油桃就是芽變的結果：桃樹結出果皮上沒有絨毛的突變果實，即我們所發現的油桃。即使是今日的桃樹偶爾也會結出一兩顆油桃）。

這類突變並不會影響整株植物，而往往僅限於突變發生後新長成的部分。因此，如果德克斯特在幾片葉子上看到不尋常的顏色或圖案，他只能待這部分生長到足夠的長度，才剪下這段枝條以傳遞芽變。

這些插條必須小心地扦插或嫁接到另一棵樹上才能生存。有些樹，例如橡樹，嫁接難度可是出了名的高。在某些情況下，德克斯特會將插條送到擁有合適設備和專業知識的特定苗圃。如果繁殖成功，他可能會嘗試透過國際植物協會註冊新品種，為其命名，並出售或提供給其他收藏者種植。

「在我開始這麼做時，並沒有意識到這可以為世界帶來新事物，」他說，「我投身園林綠化的家族事業後，享受到我在科技業中所缺乏的成就感。你投注心力之物真的會永續生長，它的美麗和尺寸都會增長。這種滿足感很棒，儘管我失去了真正嶄新和尖端的事業；但在植物上，從事遺傳學嘗試讓我有機會重拾這樣的事業。」

他為世界帶來的十幾種新植物，包括被稱為「德克斯特黃金」的一種異常黃橡樹（*Quercus lobate* 'Dexter's Gold'），這是他在納帕谷樹冠高處發現的芽變；還有大葉楓「塔布斯火」（*Acer macrophyllum* 'Tubbs Fire'），是 2017 年卡利斯托加毀滅性火災後發現的雜色楓樹。

他把挑選的樹木種在花盆裡，以滴灌的方式進行灌溉，他的樹木收藏因而看起來像是實驗室而非植物園。整個種植面積只有一‧八公尺寬、四五‧七公尺長。「他人會將這些樹苗培育茁壯，」他說，「而我只考慮遺傳需要。」

冠軍樹：尋找巨樹的簡史

在尋找世界上最大型樹木的過程中，一種新的樹木收集方式誕生了。幸運的是，今日的大樹獵人帶著相機和捲尺出行，而非電鋸。

1853 年

探礦者在今日的加州卡拉維拉斯巨樹州立公園（Calaveras Big Trees State Park）砍伐了一棵巨大的紅杉。當時無人相信有這樣的巨樹存在，攝影技術也不夠成熟，無法真實呈現，而單靠繪圖也讓人難以置信。為了證明如此巨樹的存在——也為了有利可圖，這棵被稱為「發現樹」（Discovery Tree）的一段樹幹橫切面，開始像馬戲團的雜耍表演一樣巡迴展出。

1854 年

有另一顆紅杉的樹皮被剝除（該樹後來因此死亡）並巡迴展示，此舉引發公眾對摧毀巨樹的強烈抗議，現代保育運動因而誕生。但人們對大樹的迷戀早已根深蒂固。

1867 年

全美各地報紙流傳著一篇報導，提到密蘇里州的地質學家斯沃洛（G. C. Swallow）教授，完成了該州的地理調查，並記錄了他所發現的大型樹木直徑尺寸。其中包括「密西西比郡的一棵無花果樹，高十九‧八公尺，距地面〇‧六公尺處的直徑尺寸為十三‧一

公尺」。其他州的地理學家也不甘示弱，開始呈報他們發現的大型樹木，於是對冠軍樹木進行編目儼然成為一項流行公民活動。

1921 年

賓州林業部於 1921 年宣布舉辦「賓州大樹」（Big Trees of Pennsylvania）競賽，旨在尋找該州上百個不同樹種中最巨大的樹木。

1932 年

愛荷華州聯邦花園俱樂部（Federated Garden Club of Iowa）於 1932 年舉辦該州的冠軍樹競賽，並頒發橡樹、榆樹和楓樹等樹種的冠軍樹稱號。

1940 年

非營利組織美國森林協會（American Forests）建立全國巨樹名錄，將美國境內的每一棵冠軍樹納入編冊。世界上體積最大的樹是加州的一棵巨型紅杉（*Sequoiadendron giganteum*），被稱為「謝爾曼將軍」。它的樹幹周長為三一‧一公尺。它馬上就被提名登記，至今仍保留著這一稱號。

1998 年

最高的樹是一棵高度達九七·八公尺的海岸紅杉（*Sequoia sempervirens*），於1998 年被納入編冊。

2015 年

登記在案的最小型冠軍樹是棵四·三公尺高、樹冠寬度達三公尺的南方楊梅（*Morella caroliniensis*），與其他冠軍樹相比它雖然偏小，但仍稱得上是巨型南方楊梅。

2019 年

最寬的樹是喬治亞州的一棵長青橡樹（*Quercus virginiana*），根據2019 年的紀錄，它的樹冠寬度達四九·一公尺。

今日的冠軍樹

美國森林協會至今仍持續維護全國冠軍樹名錄。根據全國大樹獵人們的提名，共列出了五百多棵樹木。名錄中樹木的周長、高度和樹冠展幅需經精確測量，然後提交給各州的大樹登記處以供確認（州立計畫通常會由大學或國家林業部門負責）。

雖然大多數冠軍樹的所在位置祕而不宣，以利保護，但許多州立冠軍樹計畫會在州立公園和其他眾所周知的公共區域宣傳這些樹的位置。

冠軍樹木名錄在南非、紐西蘭、澳洲、塔斯馬尼亞和加拿大以及整個歐洲和英國也很受歡迎。

如何簡單測量冠軍樹

大樹獵人會攜帶雷射測距儀和其他精密儀器，以精確測量冠軍樹的尺寸。但下面的做法可以讓你簡單在自家後院進行測量，只需用到捲尺、直尺、粉筆和一些木樁：

周長
在距地面四‧五英尺（一‧四公尺）處測量樹木的周長。

高度

用粉筆在離地面四英尺高（一・二公尺）的樹幹上做記號（或在繞著樹身綁上繩子）。對著樹木舉起一根直尺，向後退開一定距離，直到直尺上標示的一英寸（二・五公分）長度等同於樹身上的四英尺高的位置。接著將直尺的底 部對齊樹根，然後測量樹頂落在直尺上的哪個位置——直尺上的一英寸等於四英尺高度。

樹冠展幅

站在樹下向上看。找到樹冠最寬的點，並在地上放置一根木樁；再走到該樹的另一側，在樹冠的另一端放下另一根木樁，接著測量兩端間的距離。對樹冠最窄的點再次執行此操作，取兩段距離的平均值來計算樹冠的平均寬度。

計算冠軍樹得分

樹木的周長（英寸）+ **高度**（英尺）+ **樹冠平均寬度**（英尺）= **總分**

「我們幾乎是
　一見鍾情。」

保護者

蘇‧米利肯和凱利‧多布森 *Sue Milliken and Kelly Dobson*

湯森港，美國華盛頓州

聆聽凱莉‧多布森和蘇‧米利肯講述他們相遇的故事，就如同觀看《當哈利遇見莎莉》中結婚多年的夫婦接受採訪。

米利肯：我在佛蒙特州修習植物學和生態學。在那裡開設一所苗圃。

多布森：我在華盛頓州經營苗圃。佛蒙特的這位女士向我下訂單，她總是在我的目錄中選購最瘋狂、最不起眼、最古怪的植物，我心想：你要如何在佛蒙特培育這些植物？

米利肯：後來我們共同的朋友在 1997 年籌辦了一趟中國種子採集之旅，她邀請我們相偕同行。

多布森：我打電話給另一位剛造訪中國的朋友，徵求他的建議。他告訴我，如果蒐集種子的田野之行有夥伴幫忙記錄筆記等等，收集的數量會比獨自一人多出半數。他又說，這趟出遊的人之中，蘇會是最好的收集夥伴。

米利肯：他喜歡把我們陷入愛河的功勞攬在自己身上。但我們幾乎是一見鍾情。一行七人中，其他五人都看著我們的愛情浪漫地萌芽。我們都覺得

彼此已經認識一輩子了。

多布森：我們遠離家鄉，共度一段與日常生活不同的時光。我們沒有裝腔作勢，只是完全地做自己，帶著對這些神奇植物的敬畏四處行走。

米利肯：生活在我們返家後出現了變化，我搬到國家的另一頭。

他們共同創辦現今的遠方植物保護協會（Far Reaches Botanical Conservancy），這個非營利組織的目標是收集和保護那些稀有、瀕絕的樹木和其他植物。「經營營利性苗圃——這是苗圃這一行的寬鬆定義——並不真的讓我們開心，」米利肯說。「保存和分享這些植物才是我們追求的真正樂趣所在。」

非營利組織更容易獲得在其他國家收集種子的許可，也讓美利肯和多布森有機會與其他樹木收藏家合作，因為收藏家往往希望看到自己手中最稀有的樣本在世界各地數個不同地區生長，就像保險一樣。多布森說：「這對那些八十多歲的人來說尤其重要，他們不確定自己去世後手中的收藏會遭遇什麼變化。」

他們的苗圃位於華盛頓州湯森港，佔地僅六英畝。「這不是一個理想的地點，」米利肯說。「我們買下這塊地的時候，一棵樹也看不到。風勢強勁，又位於霜袋（frost pocket）。」[18] 他們必須建造大量高架苗圃和特殊的遮蔽，來保護不能適應太平洋冷風的植物。

---

[18] 譯注：霜袋是位於內陸山谷低窪，因為冷空氣沉降導致的局部低溫區域。

雖然他們的苗圃對所有顧客開放，但最精彩的收集成果大都被植物學家收購，用以進行研究或完成個人的收藏。核桃的近親馬尾樹（*Rhoiptelea chiliantha*）是現代長山核桃（pecan）和山核桃（hickory）的先祖。它被美國農業部的一位植物學家搶購一空，計畫進行基因組定序，希冀對未來山核桃樹的育種做出貢獻。

堅韌強健的 *Polylepis lanata* 只生長在世上海拔最高的地帶，除了玻利維亞的原生地區，幾乎從未有人種植過。「我們聽說加州的一家苗圃打算出售手中的種子以資助南美洲的探勘活動，」多布森說，「在這種情況下，你購得的種子會是他們收集到的任意種子，但我們寄出數百美元，並說：『我們只要 *Polylepis*。』」他們也真的到手了！

那些種子現在成了他們收藏的珍貴樹木。「它們在野外可以長到兩公尺高，樹身沉重、樹型曲折。它們生長在極端環境中，因此有著厚實的紙質樹皮提供保護。這神奇的樹木應該讓更多人知道。」

另一種原產於中國和越南、極為稀有的熱帶樹種——馬蹄參（*Diplopanax stachyanthus*），在美國僅能找到化石紀錄。儘管植物文獻中可見描述，但人們對其知之甚少，以至於分類學家不斷地轉換其所屬植物科別。「我們認為我們擁有的是第一個栽培的開花樣本，」多布森說，「當然，我們在花開的時候舉辦了派對。這是我們慶祝的方式。」

雖然植物迷都興奮於種植這類極為稀有的樹木，但保護協會更廣泛的目的，是保護受到人類活動和氣候變遷威脅的物種。如果這些植物無法在原生國家得到保護，保護機構將為植物樣本提供家園，以便它們可以在世界各國研究者的網絡中傳播。多布森說：「這讓我們感覺自己正在為世界做出貢獻，稍微補償人類的愚蠢。」

「這棵樹所生的種子，
比我們大多數人走得更遠，
這真是太美妙了。」

太空人

斯圖爾特・魯薩 *Stuart Roosa*

阿靈頓，美國維吉尼亞州

1953 年，斯圖爾特・魯薩作為美國林務局的空降消防員，致力於拯救樹木。他和數十名同儕一同駐紮在俄勒岡州南部。如果發現火災，他與同組同事就會搭機升空，身著降落傘從飛機上跳下。對他們來說，森林裡的樹木本身就已經構成危險：意外降落在一棵六〇・一公尺高的花旗松上，幾乎與掉入火中同樣危險。著陸後，他們的任務是僅憑著鏟子和泥土來撲滅火勢。魯薩的組員們都想安全著陸並完成任務。撲滅火災後，身上配備地圖、指南針、水壺和一些食物的消防員會徒步走到最近的馬路上。

這類的工作任務需要勇氣、周密的計畫和生存技能，這些都成為他十多年後能被美國太空總署錄取為太空人的有力助益。他在空軍接受飛行員訓練，但仍長年與一起在森林救火的朋友保持聯繫。當魯薩將參加 1971 年阿波羅14 號任務的消息傳出後，林務局官員主動聯繫他，詢問是否能考慮將部分樹木種子帶到月球。

太空人可以依照個人喜好攜帶工具包，裡面裝著任何可以作為太空時光紀念品的小玩意：旗幟、家庭照片、紀念郵票等。魯薩用瓶罐裝著五種樹木種子的密封袋：美國梧桐、火炬松、楓香、海岸紅杉和花旗松。由於魯薩

留在指揮艙裡，種子實際上並沒有接觸到月球表面。但它們進入太空，為林務局提供了科學實驗的機會，同時也贏得了公眾的關注和信譽。

太空艙墜入太平洋後，太空人被隔離，他們在太空中使用過的物品會被放入真空室進行淨化。魯薩的種子袋也從罐中被取出，卻在過程中不幸爆裂。美國太空總署歷史學家約翰烏立說：「我們曾尋找該事件發生時的照片，但看起來並沒有拍到任何相關照片。現在我們會記錄一切。但那時，我們只有底片這種有限的資源。」

這些種子被連忙收集起來，寄送給美國太空總署的一位美國農業部科學家，但他無法在休士頓順利培育任何一種種子。他將剩餘的種子送到加州和密西西比州的林務局溫室促使種子發芽，同時與未曾離開地球的種子對照組進行比較（登陸月球與留在地表的種子發芽長成的樹木並無差異）。

這些登陸月球的種子長成的樹接下來的經歷並不全都為人所知。林務局保留了一些紀錄，顯示樹苗被送往各州慶祝二百週年國慶。1976 年的剪報上記載了一些植樹儀式：在沙加緬度（Sacramento）的加州國會大廈入口附近種了一棵紅杉，在費城的華盛頓廣場種了一棵梧桐。大學、博物館，當然還包括美國太空總署在內的機構都收到了樹木。有些標有牌匾，有些則無。有些樹活下來，有些則死了。

二百週年國慶後，就連美國太空總署也幾乎全然忘卻月亮樹的故事。1996年，就在魯薩去世兩年後，美國太空總署行星科學家大衛・威廉斯（David Williams）接到印第安納州一位三年級老師的來電。「她的班級正進行一項關於歷史樹木的計畫，」威廉說。「女童軍營地裡的一棵樹上有著阿波羅

任務的相關標誌。所以我在火箭中心這邊四處打聽，與一些老前輩交談，但沒有人記得這件事。我們的歷史辦公室資料庫裡有些資訊，我認為這是一個很酷的故事。這發生在網路剛萌芽的時期，所以我成立了一個月亮樹的主題網頁。」

將種子帶入太空這麼聰明的想法立刻震驚了他。「你知道，你可以把太空人從月球帶回來的所有東西裝進你車庫裡的幾個盒子裡。但是這些樹不一樣。他當初帶上月球的只是小小的種子，但是種子會成長。如今它們比你可以帶上月球並攜回的任何物件都來得大。

他發布部分訊息後，人們開始聯繫他，並提供月亮樹的目擊紀錄，他將之添加到網站上。接著林務局提供了檔案紀錄，有助追蹤這些樹木的後續發展。現在，他保有第二代月亮樹的清單，這些月亮樹是從原始月亮樹的親代中萌芽的。當中有些是由大學植物學系進行繁殖，歷史悠久的樹木苗圃也有出售。「我的後院有一棵第二代月亮樹，」威廉斯說，「這樣的樹有數百棵。這棵樹所生的種子，比我們大多數人走得更遠，這真是太美妙了。」

造訪月亮樹

月亮樹有增有減。仍有未記錄在案的月亮樹陸續被發現,而眾所周知的月亮樹也會因為風暴、疾病和衰老而頹倒。有些月亮樹位於私人地產上或是很難發現。下列是種植在公共場所、標記清晰、期待遊客造訪的月亮樹。

美國林務局
特爾城(Tell City),印第安納州
兩棵楓香月亮樹生長在林務局辦公室的車庫前,從路上很容易看到,楓香種子的存活率似乎不如其他物種。扣除私人收藏,它們是目前已知僅剩的楓香月亮樹。

伯明罕植物園(Birmingham Botanical Gardens)
伯明罕,阿拉巴馬州
梧桐月亮樹就在玫瑰園旁。只要詢問工作人員,他們就會為你指路。

友善廣場
蒙特雷（Monterey），加州
廣場南端矗立著一棵標著牌匾、顯眼的
海岸紅杉月亮樹。

華盛頓州議會大廈
奧林匹亞，華盛頓州
國會大廈蒂沃利噴泉附近於 1976 年種植了
一棵花旗松，並於 2003 年重新附上匾額。

華盛頓州立歷史園區
華盛頓，阿肯色州
在歷史悠久的法院大樓附近種有一棵
火炬松，牌匾上指定其為阿肯色州著
名歷史樹。

保育者
PRESERVATIONISTS

「我和栗樹正是因母親
　　而結緣的。」

栗樹戰士

艾倫・尼科斯 *Allen Nichols*

勞倫斯，美國紐約州

艾倫・尼科斯大學時修讀農學和生物學，但在當地一家公用事業公司找到一份線路工人的工作時，他才發現這份工作很適合自己。「在戶外聆聽群鵝飛翔的感覺真是太美好了，」他說，「沒在戶外工作過，就不會意識到自己錯過什麼。」

他和妻子住在紐約州勞倫斯一片六十英畝的林地上。他種植果樹和堅果樹，與年幼的女兒們一起用橡實培植橡樹，並經營一片林地，以獲取柴火。但自始至終，他都專注在栗樹上。

美洲栗（*Castanea dentata*）對美國東部森林的重要性值得再三強調。大約四十億棵栗樹曾主宰這片土地。樹上棲息著數量驚人的昆蟲，當中光是蛾類就有數十種之多。栗樹的堅果是鳥類、松鼠和熊的食物來源。農民可以在森林裡放養豬隻和牛群，讓牠們自行尋找食物，同時也能收集到足夠的栗子過冬。這些樹木身量極大，樹幹直徑有三公尺以上，壽命能達五百年。木材密緻、紋理平直，可用做家具或柵欄等各種用途。

這群樹木的時代於 1904 年結束，彼時進口的日本栗樹苗登陸，也帶來一種它們已具天然抵抗力的疾病。缺乏這種免疫力的美國樹木在幾十年內消滅

殆盡。今日的美國栗樹仍能從舊樹樁上發芽，但很快就會再染上枯萎病。

這樣的損失讓尼科斯的父母深感悲痛。「我母親在一個有很多栗樹的農場長大，這些栗樹都死了。我父親會和他的叔叔一同出發去砍倒感染枯萎病的栗樹，用來製作柵欄。三代家人都為這些樹木的死亡哀悼。」

也許這就是為何他如此熱衷於美國栗樹基金會的工作。該組織成立於 1983 年，旨在解決雄偉栗樹消失的問題。當尼科斯在 1990 年左右加入時，基金會正著手與具有抗性的中國物種進行雜交育種，直到新的美國栗樹雜交品種保有中國原株的抗病性。

但事實證明這很棘手，遺傳很複雜。這就是為什麼紐約州立大學環境科學與林業學院的科學家開始研究另一種方法。他們分離出在許多其他植物中發現的一種基因，該基因可以分解草酸，而栗樹枯萎病正是藉由草酸摧毀樹木。他們從一種不相關的植物（在本例中為小麥）獲取該基因，並在實驗室裡將其嵌入美國栗樹，如此培育一棵具有抗性的樹木。

這項計畫的執行地點距離尼科斯的家只有幾小時的車程，這對他來說很有吸引力。2000 年，他自願提供自家土地為紐約州立大學研究之用。執行這些實驗並非易事：因為涉及基因改造育種方法，尼科斯的果園需要特別的政府許可。他必須讓那些感染枯萎病的原生美國栗樹保持存活，這意味著他需要噴灑殺菌劑。同時他也必須採取極端的措施，以確保沒有花粉散佚，這些實驗基因才不會被釋放到野外。

每年夏天，當他的兩百棵栗樹進入花季，他都會爬上梯子，用袋子套住花

朵，以免栗樹受到其他當地花粉的授粉。當花
朵開放時，他會再次登梯親自為每朵花人工授
粉，而花粉來自紐約州立大學校區嚴格控制的
基因改造樹。到了 8 月，他會在每個授粉袋上
置放鐵絲網，保護幼小的栗子免遭捕食。當堅
果成熟時，他會從袋子下面砍落樹枝，進行編
號後將它們完好無損地送回紐約州立大學實驗室。

這麼做的目的是持續將基因改造樹與古老的美國栗樹進行異型雜交。「用
家譜的概念來理解，」他說，「你不希望每個人的父親都是同一人。不管
是代代傳承還是橫向發展旁支，你都會希望子嗣間保有許多差異。」

基因改造樹若在野外繁殖，後代也不一定都能抵抗枯萎病，因為有些子株
不會繼承該基因。「差異依舊會滿大的，」他說，「苗圃可以出售一棵保
證能抵抗枯萎病的樹，但若為一棵野生樹木授粉，只有一半的果實會獲得
抗枯萎病的基因。」

不過在基因改造樹通過嚴格的監管審查之前，這些都只是假設。但如果這
確實可行，尼科斯心裡已有盤算。「我想把它們種植在我母親原本的土地
上，就種在路邊，這樣任何人都可以採收、享用栗子，」他說，「我母親
喜愛那些樹。我和栗樹正是因母親而結緣的。」

「每個人家裡應該都種了
一百株山茶花吧？」

茶花保護者

佛羅倫斯‧克勞德 *Florence Crowder*

德納姆斯普林斯，美國路易斯安那州

父親收藏的山茶花陪伴弗洛倫斯‧克勞德長大，但她從未重視過它們。當時正逢二戰結束，她的父母在德納姆斯普林斯（Denham Springs）建造新家，並開始種植山茶花和杜鵑花。「週末他們會拉著孩子去公園、苗圃和花園，」她說，「最後他們在土地上種植了一百株山茶花。但這對我來說並沒有太大意義。你知道的，小孩都會這樣想——那又如何？每個人家裡應該都種了一百株山茶花吧？」

克勞德的父親是名木匠，在鎮上各處建造房屋。工作完成後，他經常送山茶花給新屋主，有時也會收到山茶花作為回禮。父親於 2005 年去世，克勞德和姐妹們繼承了種滿山茶花的房產，這些山茶花已有五十多年歷史。這是她第一次對這些植物產生好奇。

「我想知道它們的名字，並製作標籤以為辨識。事情就這樣接二連三地發生，既然我需要相關資訊，不就自然地加入了巴頓魯治山茶花協會（Baton Rouge Camellia Society）？我就是這樣上鉤的。」

她開始參加山茶花展，並結識其他收藏家。她還深入研究美國山茶花協會的登錄名冊——該登錄名冊的歷史可以追溯到 1948 年，記載了三千多個品

種。接著她找到國際山茶花協會的全球登錄名冊——事情因而變得有趣起來。這份山茶花清單的歷史可追溯到 19 世紀，少數日本和中國的品種早在 1600 年就已經登錄在案。

如今她的任務不僅僅是辨識父親的收藏，她還想找出所有 19 世紀失落的山茶花：可能從未有人為之拍照，又或是僅存在登記冊上的幾行描述中。這樣的山茶花約有四百五十種是在美國註冊的，所以她決定將工作的重心集中在美國。

她的時間其實所剩不多——儘管某些值得注意的山茶花樣本存活了數百年，但大多數山茶花的壽命只有一到兩個世紀。任何 19 世紀的樹木都可能已經接近其生命的終點。

為了尋找失落的山茶花，她造訪英國和歐洲各地，當地志同道合的收藏家也在努力保護古老的品種。離家較近的山茶花愛好者網絡也關注這點。「有時人們擁有我正在尋找的目標，但他們不知道，我也不知道。我們能憑靠的只有以植物專業術語做出的描述，而這些說明可能很難理解。符合單一描述的山茶花可能就有二十五種。」如果她能參觀這棵樹，她會拍攝照片，可能還會拍攝插條，以便正確地識別和傳播它。

她設法收集到兩百株山茶花，其中大部分都種在盆裡，以利移動，保護它們免受夏日陽光的照射。儘管她主要尋找的是在美國註冊的山茶花，但只要有辦法，她就會接手從世界各地取得的 19 世紀山茶花。2017 年，她和丈夫捐贈了一百棵山茶花樹給坐落於巴頓魯治（Baton Rouge）的路易斯安那州立大學伯登博物館與花園（Burden Museum and Gardens），該處的山茶花原本就

是美國最豐富的收藏之一。現在，園中的佛羅倫斯山茶花和查爾斯·克勞德山茶花，為該大學的山茶花收藏增添了帶有歷史深度的影響力。

克勞德身為她家鄉的民間歷史學家，管理市政廳的史料室，可以毫不費力地解釋何以這些古老品種值得搜尋和保存。「為什麼？」她說，「因為它們曾經存在。如果它們曾經重要到值得註冊，這份重要性就足以讓我們延續其生命。」

以佛羅倫斯·克勞德的名字命名的三種山茶花

初出茅廬（*Debutante*）

佛羅倫斯克勞德（*Florence Crowder*）

正裝（*Fancy Formal*）

拯救日本櫻花樹

盛開的櫻花樹飄逸的粉紅色花朵預告著春天的來臨。一千多年來，日本園藝家培育這些花色豔麗的樹木，它們的花朵有單瓣與重瓣的差異，花色從白色、黃色到深粉紅色不一。雖然這些開花品種（同屬李屬的諸多物種）與食用櫻桃樹有親緣關係，但櫻花樹結出的果實小而苦，只有野生動物才會食用。

儘管這些樹木是日本人世世代代的驕傲，但它們早在上個世紀就面臨危機。日本市府的種植計畫只青睞「染井吉野」這個單一品種；該品種經複製，在全日本各地傳播，成為 20 世紀民族主義和順從的象徵。其他三百個品種由於缺乏任何保護措施而逐漸消失，經過幾位熱心收藏家的奔走才開始挽回頹勢，並鼓勵日本公眾讚頌他們心愛樹木的多樣性。

船津清作 (Seisaku Funatsu)
櫻花樹專家 1858 - 1929

船津努力不懈地保護東京荒川沿岸生長的櫻花品種。他為每棵樹做紀錄,並委託藝術家角井幸吉繪製插圖,以便能正確識別。船津也是位備受尊敬的櫻桃樹專家,並應邀於 1912 年挑選要贈與美國、在波托馬克河沿岸種植的櫻花品種。相關藝術作品現收藏於史密森學會(Smithsonian)。

科林伍德・英格拉姆 (Collingwood Ingram)
櫻花樹收藏家與作家 1880 - 1981

透過旅行日本以及聯繫苗圃,英格拉姆在英國肯特郡的家中花園裡種植各種不同的櫻花樹。1926年,他遇到船津,兩人都驚訝地發現英格拉姆的花園裡種植了日本四處都找不到的品種。英格拉姆就此開啟了長達數十年的相關運動,企圖在日本重新復原這些品種,同時讓它們在英國留存以教育公眾。這使他成為世界公認的櫻花樹權威。

大衛・費爾柴爾德（David Fairchild）
植物探勘者與美國農業部研究員 1869－1954

1906 年，費爾柴爾德從日本進口不同的櫻花樹品種在馬里蘭州進行試驗性的種植。當時他寫道：「櫻花樹的變種曾有三百多種，當中許多品種幾乎無法分出差異。令人驚豔的品種大概不會超過三十或四十種。」他鼓勵美國人種植這些樹木，因為它們在初春開花時非常美麗。

伊麗莎・西德莫爾（Eliza Scidmore）
記者、攝影師、地理學家 1856－1928

西德莫爾是一位大膽而富有冒險精神的記者，她遊歷日本各地，花費二十五年的時間，說服華盛頓特區的官員在波托馬克河沿岸種植櫻花樹。大衛・費爾柴爾德也支持她的努力。她最終得到第一夫人海倫・塔夫特（Helen Taft）的贊助。1910 年，第一批樹木從日本運抵，但它們飽受害蟲侵擾，不得不燒毀。1912 年，二千棵健康的樹木抵達，五十五歲的西德莫爾親眼見證它們被種下。

淺利正敏
櫻花樹育種者 1931 -

1950 年代，淺利開始在日本北部的北海道培育新
櫻花樹品種。他培育的一百株「松前」品種在北
海道的同名公園展出。松前公園每年春天都會吸
引來自世界各地的遊客，前來觀賞種類繁多盛開
的櫻花樹。因為當地冬季較為寒冷，所以這些樹
木也適合在歐洲和英國的氣候環境中生長。淺利
還記得二戰期間英國戰俘在北海道遭難，所以 1992 年他親自挑選樹木捐
贈給溫莎大公園，表達和解之意。

「我很高興我們保留了
這裡所有的蘋果樹。」

蘋果保護者

喬安妮・庫珀 *Joanie Cooper*

莫拉拉，美國奧勒岡州

喬安妮・庫珀（Joanie Cooper）在俄勒岡州波特蘭市（Portland）南部參加家庭果園協會（Home Orchard Society）的會議時，一位名叫尼克・博特納（Nick Botner）的男子朝她走來。「他得了癌症，擔心自家果園會消失，」她說，「所以他說，『喬安妮，你得買下我的農場。』好吧，我不能這樣做！但事情就從這裡開始。」

博特納知道庫珀對古老的蘋果樹感興趣。庫珀居住的土地上有塊小果園，她加入這個協會就是為了得到更多有關被遺忘的蘋果品種的資訊。但她沒有立場買下博特納手中一百二十五英畝的農場，其中不僅包括蘋果園，還有數百棵其他果樹、一座葡萄園、一片牧羊場和一棟大房子。「範圍實在太大了，」她說，「但我知道我們必須拯救他的蘋果樹收藏。」

博特納種植了數量驚人的四千五百種不同的蘋果樹品種，他的蘋果樹收藏可能是世界上最龐大的，並且很可能包括其他地方不存在的品種。由於蘋果樹的種子不能產生與其親代相同的子株，因此這些古老的品種必須透過嫁接才能保存。博特納的健康狀況日益衰退，無法再照顧他的果園。但如果就這樣出售這份地產，新主人可能對蘋果樹根本不感興趣。

2011 年，庫珀和兩名合作夥伴成立名為「溫帶果園保護協會」（Temperate Orchard Conservancy）的非營利組織，旨在複製和保存博特納的收藏。她在他的農場附近找到一塊適合建造果園的土地，便開始進行識別和複製數千棵蘋果樹的艱苦工作。

識別蘋果樹絕非易事。即使博特納已經為收藏貼上標籤，新成立的保育組織在將插條種植到自己的果園時，仍希望能確認每個品種的名稱和身家背景。

蘋果樹收藏家會依靠原本的苗圃目錄和農場告示牌，拼湊出被遺忘品種的名稱和特徵。美國農業部的果樹水彩畫計畫，曾聘用數十名藝術家繪製 19 世紀末和 20 世紀初培育的水果全彩圖像，那是一項非凡的資源。還有部分收藏家會仔細翻閱舊報紙，閱讀在地活動的得獎名單，希望找到舊品種的名稱和描述。

庫珀依靠這些參考資料來識別博特納收藏的蘋果樹，但她也期待有一天 DNA 分析能更快、更果斷地給出答案。華盛頓州立大學啟動的蘋果基因組計畫，迄今已完成三千多個品種的 DNA 定序工作。

博特納於 2020 年去世後，家人一直保留農場至今。於此同時，溫帶果園保護協會的志工成功嫁接了他果園中的每一棵蘋果樹。後續還有大量工作要

做：一千多棵幼樹被種植在花盆裡，在它們成長至足以移入土中之前，需要整地圍柵以待。果園的日常瑣事——灌溉、修剪、除草、病蟲害防治以及採收——只會隨著果園的生長而持續衍生。

庫珀和夥伴在博特納果園的一切作為，贏來他們在蘋果鑑定專家中的聲譽。消失和被遺忘的蘋果樹有一群熱衷的支持者，他們會寄來水果希望進行鑑定。因為蘋果只有在完全成熟的情況下才能進行辨識，所以在秋天時，成箱的謎樣水果會蜂擁而至。「我們挺厲害的，」她說，「無法確認品種的比例大約為 5%，但我們通常都能成功辨識。」鑑定費帶來的些許收入可以支持果園運作，每年冬天他們還會發布可供購買的接穗木清單。除此之外，他們也依靠捐款營運。

「要做的事情很多，錢卻永遠不夠，」庫珀說，「但我很高興我們保留了這裡所有的蘋果樹。」

「我浪費三十年的生命
試圖說一口
流利的法語。
我真該把這些時間
花在樹身上。」

歷史樹木收藏家

維姬・特納 *Vicki Turner*

納什維爾，美國田納西州

當維姬・特納的母親決定將納許維爾（Nashville）北部一處佔地三十三英畝的家族地產申請投入保護地役權（conservation easement）時，她正忙於葡萄酒代理商的工作。「保護地役權這件事為我的人生開啟新頁，」特納說，「在知道這塊地會永保完整、不被切割後，我的觀點也隨之改變。我心想，還有什麼地方比這裡更適合成為樹木保護區呢？」

她開始研究樹木，將重點放在稀有和瀕臨滅絕的物種上。「我知道我種下的樹木永遠不會被推土機鏟倒，所以值得追本溯源。這並不是件易事——這些樹木之所以稀有、瀕臨滅絕，都是有原因的！」

她最珍愛的樹木是喬治亞州羽狀花樹，*Elliottia racemosa*，這是一種開花小樹，僅在喬治亞州沿海的少數地點野生生長。軟木樹，*Leitneria Florida* 是另一個得來不易的寶藏；它看上去更像是茂密的灌木而非一棵樹，可以在喬治亞州東南部的一些濕地中找到。這些樹木在苗圃中並不常見，但有時苗圃會少量出售給收藏家，讓它們在受到威脅的棲地之外還有辦法生存。

她拿起一本關於歷史樹木的書。「這些都是名樹的後代，還有與名人有關的樹，」她說。「我立即知曉這就是我想做的。我想要每一棵我能得到的

歷史樹。」

這本書《美國著名的歷史樹木》（*America's Famous and Historic Trees*）作者傑弗瑞·邁耶（Jeffrey Meyer）是一位苗圃管理員，為非營利機構美國森林協會經營歷史樹木苗圃。透過與富有歷史的家族基金會合作，他收集種子並種植了具有一定歷史意義的樹木：像是喬治·華盛頓在弗農山（Mount Vernon）種植的鬱金香樹，或貓王優雅園（Elvis Presley's Graceland）裡種植的沼生櫟。儘管美國森林協會已經關閉這座苗圃，但這個概念被田納西州的一對退休夫婦，湯姆和菲莉絲·亨特（Tom and Phyllis Hunter）所採用——他們透過自家的「美國遺產樹」苗圃園（American Heritage Trees）提供了幾十棵歷史樹。

「我發現他們離我只有四十分鐘路程，所以我打電話過去說我馬上到，」特納說，「我買下他們種植的每一棵不同樹木。這些樹木作為我們歷史的一部分而被保留下來，這個想法讓我心動不已。我手上有份不斷更新的常備清單，上面的每棵樹我都想擁有。」

她在城外的家族土地上種植了四百多棵樹，然後把注意力轉向居住地的屋主協會——十五英畝的公共土地讓她得以擴大收藏。除了種植稀有、瀕臨滅絕和歷史悠久的樹木外，社區還經常在居民去世時種下一棵樹作為紀念。現在，特納的保留區和她居住的土地，都是田納西州城市林業委員會認證的植物園。

「我對樹木識別和怪樹非常感興趣，」特納說，「作為一名葡萄酒代理商，我會到世界各地進口葡萄酒。我浪費三十年的生命試圖說一口流利的法語，

我真該把這些時間花在樹身上，享受更多樂趣。我現在努力學習，奮力追求，藉以彌補損失的時間。」

收藏歷史樹

種植和出售歷史樹並非易事，美國遺產樹苗圃園的所有者湯姆和菲莉絲‧亨特最先表達了這一點。他們必需和富有歷史的家族以及其他具有歷史意義的遺址建立合作關係，還需要識別相關樹木，收集具活性的種子，然後在溫室中花費數年的時間培育樹木，直至長到可以運輸和出售的大小。他們每年能到手的樹木數量都不一樣。「如果我們每年能夠增加一兩棵新樹就算很幸運了。」湯姆說。

收藏家喜歡種植歷史樹，以紀念特殊的時刻：婚禮、畢業、出生或死亡。「人們想要這些樹木的原因往往是感性的，」湯姆說，「他們想要一棵與之聯繫的樹，所以找上我們。」

已經有大學在和植物獵人聯繫，希望種植與著名作家相關的文學樹木。「這是一個很酷的想法，學生可以研究一位作家，然後走出室外，參觀一棵與作家相關的樹木。」湯姆說。

並非所有歷史樹都來自專業苗圃。2010 年，歷史悠久的蓋茲堡—亞當斯保護協會（Gettysburg-Adams County Preservation Society）捐出了一百株美國皂莢樹苗，它們是林肯發表蓋茲堡演說的所在地、國家將士公墓中樹木的後代。這些單一性的捐贈很容易錯過，但狂熱的收藏家會隨時留心並盡早下訂。

著名的歷史樹同名者

《根》的作者

亞歷克斯‧哈利核桃樹，從哈利的祖父母家（位於田納西州亨寧，如今是艾力克斯‧哈利博物館）收集的種子培育而成。

殘障人權運動家和作家

海倫凱勒水橡樹（Helen Keller Water Oak），是從她作品中經常提到的一棵樹所生的種子中培育而出，採集自今日被指定為歷史遺址的常春藤綠地博物館（Ivy Green），位於阿拉巴馬州塔斯坎比亞（Tuscumbia）。

先驅飛行員

愛蜜莉亞‧艾爾哈特楓樹（Amelia Earhart Maple），從堪薩斯州艾奇森（Atchison），位於愛蜜莉亞‧艾爾哈特出生地的博物館收集到的種子而出。

遠見者
VISIONARIES

「我已經贏了三面金牌……
讓馬蒂和山姆下場吧。」

金牌得主

傑西・歐文斯 *Jesse Owens*

克里夫蘭，美國俄亥俄州

當傑西・歐文斯在 1936 年柏林夏季奧運會上贏得四枚金牌震驚世界時，記者形容他在短跑和跳遠項目中的出色表現成功「收集」了四枚獎牌。但他在柏林收集到的東西可不只如此，還包括了四棵橡樹（*Quercus robur*）──由當年的德國奧委會贈送給每一位金牌得主。

當時，這些樹被稱為奧林匹克橡樹（Olympic Oaks），儘管今日它們也被稱為希特勒橡樹。這是因為 1933 年希特勒納粹黨在德國掌權時，國際奧委會已指定柏林為 1936 年夏季奧運會的主辦城市。

希特勒上台後，主辦單位開始對這項決定提出質疑，抵制奧運的呼聲開始在世界各地興起。最終，德國保證允許猶太運動員參加比賽，說服了委員會。然而實際上，德國體育俱樂部並不接納猶太人，因此他們還是無法參賽。希特勒政府做了一些努力來掩蓋其反猶意圖，例如暫時移除禁止猶太人進入公共場所的標誌。但最終，1936 年奧運會為納粹黨提供形象展示的電視平台。不過，當年的奧運也為黑人和猶太運動員提供了機會，讓他們以輝煌的參賽成績反駁雅利安人優越論。

歐文斯不僅是當年比賽中最成功的選手，可能也是最知名的。他先前在田

徑項目上的成就已經震驚美國人並佔據新聞頭條版面，而他在柏林的成就也同樣非凡。

他在一百公尺短跑、跳遠和二百公尺短跑比賽中獲得金牌。但歐文斯的第四枚金牌卻染上反猶主義的汙點，這種反猶主義也影響了 1936 年奧運的整體形象。美國隊的兩名猶太運動員馬蒂·格利克曼（Marty Glickman）和山姆·斯托勒（Sam Stoller）在四百公尺接力選拔賽的前一刻坐上冷板凳。教練宣布由傑西·歐文斯和拉爾夫·梅特卡夫（Ralph Metcalf）代其上場。儘管有諸多藉口，但教練這麼做似乎是為了安撫希特勒。在後來的訪談中，格利克曼記得歐文斯曾說：「教練，我已經贏了三面金牌……我累了。我的收穫夠多了。讓馬蒂和山姆下場吧，這是他們應得的。」格利克曼回憶教練指著歐文斯，並告訴他：「照我說的去做。」

歐文斯和梅特卡夫私下爭論該怎麼做，但最終他們認定參加比賽好過退場讓德國隊奪得金牌。歐文斯參加接力賽並贏得他的第四枚金牌。格利克曼

記得這是他一生中最丟臉的一件事。他以為自己會在四年後扳回一城，但這群人都未能再度參賽。因為二戰爆發，下一屆奧運會直到 1948 年才舉行。儘管 1936 年奧運頒發了一百四十一枚金牌，但當時的大多數報告都稱他們僅頒發了一百三十棵橡樹樹苗。毫無疑問，有些樹苗被扔掉了，可能是厭惡橡樹和森林圖像象徵的納粹主義，又或者是單純缺乏興趣。有些樹苗死在飯店房間裡，或是種植後不久就難以存活。但將近九十年後，在世界各地仍有部分樹木存活下來。

歐文斯設法保住他的樹苗。在 1966 年的一部紀錄片中，他提到：「我收到的橡樹種到哪去了呢？我把其中一株捐獻給俄亥俄州克里夫蘭的羅德高中（Rhodes High School），我在那裡度過青少年時光。還有一株在我母親位於克里夫蘭的住家後院繁盛生長。另一株與其他珍貴紀念品一起矗立在俄亥俄州立大學的全美名人道（All-American Row），我在那裡讀大學。那麼第四株呢？該樹不幸死亡。」

如今，只有種在羅德高中的樹木倖存，但它的健康狀況很差。多虧在社區發展團體和當地植物園的努力下，透過插杆的方式成功繁殖。這些樹苗種在克利夫蘭洛克斐勒公園（Rockefeller Park），隸屬於規畫中的傑西歐文斯奧林匹克橡樹廣場。

帶頭進行這項工作的社區組織者傑夫・韋雷斯佩（Jeff Verespej）一開始不知道保存歐文斯這方面遺產的難度。「我不知道嫁接橡樹的難度，」他說，「成功率可能只有四分之一。但現在我們有十棵左右可供種植。我希望人們能從這些樹身上學習，我認為每個美國人都需要更加瞭解這個故事。」

奧林匹克橡樹倖存清單

美國接力賽跑運動員肯尼思・卡本特（Kenneth Carpenter）和鐵餅冠軍福伊・德雷普（Foy Drape）將他們的樹苗種在南加州大學，以牌匾標示。其中一棵已經死亡，取而代之的是用另一名奧運選手**約翰・伍德拉夫**（John Woodruff）的橡樹所產出的橡實培育的樹。

阿根廷馬球獎牌得主羅伯托・卡瓦納（Roberto Cavanagh）把樹種在布宜諾斯艾利斯（Buenos Aires）的阿根廷馬球協會總部附近。

芬蘭詩人**烏爾霍・卡胡邁基**（Urho Karhumäki）在大家都遺忘的藝術項目中獲得金牌，該獎項針對詩人、畫家和雕塑家頒發。這名詩人的樹矗立在芬蘭特爾瓦蘭皮（Tervalampi），位於他的墳墓附近。

法國舉重選手路易斯・霍斯汀（Louis Hostin）的樹位於法國聖艾蒂安（St. Étienne）的歐洲公園裡。

美國跳高冠軍**科尼利厄斯・約翰遜**（Cornelius Johnson）把橡樹種在母親位於洛杉磯的家中，它成為了當地房地產開發商和保護主義者之間激烈爭鬥的議題。

紐西蘭田徑獎牌得主**傑克·洛夫洛克**（Jack Lovelock）
把橡樹種在蒂馬魯男子高中（Timaru Boys High School）。
該樹存活至今，其橡實已廣泛散布在紐西蘭各地。

在阿姆斯特丹奧林匹克體育場後方，運河沿岸種植
的橡樹很可能就是荷蘭游泳隊隊員**李·馬斯滕布
魯克**（Rie Mastenbroek）、**威利·登·奧登**（Willy den
Ouden）、**蒂妮·瓦格納**（Tini Wagner）、**喬皮·塞爾巴
赫**（Jopie Selbach）和**奈達·森夫**（Nida Senff）所為。

德國自行車手**托尼·默肯斯**（Toni Merkens）的橡樹種在
德國科隆（Köln）體育場附近。

瑞士體操運動員**喬治·米茲**（Georges Miez）把樹種在
瑞士溫特圖爾（Winterthur）的一座體育場附近，該樹
至今仍蓬勃生長。

美國田徑冠軍**傑西·歐文斯**（Jesse Owens）種在羅德高
中的樹倖存了下來，並透過嫁接方式繁殖，在俄亥俄
州克利夫蘭洛克菲勒公園的開幕典禮上種下。

美國田徑獎牌得主**約翰·伍德拉夫**（John Woodruff）將
樹種在賓州康奈爾斯維爾（Connellsville）的體育場附
近，該樹的橡實會被定期收集，用以培育下一代。

「這就是我現在的
　　夢想。」

移居海外

卡爾・費里斯・米勒 *Carl Ferris Miller*
韓國

植物學歷史中常見的大多是歐洲和北美植物學家，他們前往遠方，帶回外來植物的種子和插條，然後在自己的國家命名、栽培和分發。很少有人會選擇留在那些遙遠的國度，成為公民，甚至幫助推動那些正在進行中的植物學研究。

卡爾・費里斯・米勒卻是一個突出的例外。他不是植物學家——他到晚年才對樹木產生熱情——但他將韓國認定為第二祖國，並對該國的植物科學產生長遠的影響。

米勒 1921 年出生於賓州。他在大學學習日語，二戰期間在海軍服役，之後到韓國擔任情報官員，在韓戰後為政府援助組織工作，最終於韓國銀行任職。他的貢獻良多：在日本佔領數十年後，他幫助韓國銀行體系現代化，這為他贏得韓國政府頒發的榮譽。他還加入韓國橋牌國家隊。雖然他一生未曾結婚，但收養了三名韓國男孩為子。

1962 年，家住首爾的他前往西南部的千里浦漁村（Chollipo）。在曬太陽與游泳之餘，被一位村民說服購買了一塊空地。這塊地一直閒置到 1970 年，他才蓋了一棟週末別墅，以遠離首爾日益惡化的空氣品質。當時他決定這

塊地產上還可以多種一些樹木。

這是他開始終生收集樹木的起點。他在鄉村尋找可以在自家土地上種植的有趣樹木。此外，村民們也渴望出售大片空地，很快地他就累積了大約五百英畝的土地，並種滿他收集的冬青樹、木蘭、山茶花和楓樹等。1979年，千里浦植物園（Chollipo Arboretum）成為非營利組織。同年，米勒擠身首批獲得韓國公民身分的美國人，並取名為「閔平佳」（Min Pyong-gal）。

米勒於 2002 年去世，但千里浦植物園的館長金容植（Kim Yong-Shik Kim）熱切地解釋米勒對韓國植物學做出的重大貢獻。「在他建立植物園之前，韓國的樹木研究主要針對林業。以我來說，我在 1970 年代時學習的是林學和樹木學。與園藝景觀無涉。」

他回憶說，當時韓國植物學家很少與外國人合作。「我們韓國人對外來者很保守，溝通或交換資訊的機會也非常有限。但米勒可以自在地說英語，可以和國際園藝協會交涉。我認為這是一件非常重要的事情。他非常活躍，精力充沛。他讓我們意識到更多可能性的存在。」

米勒不吝於分享知識：他出資支持韓國植物學的學生到世界各地學習，幫助他們和倫敦邱園、伊利諾州莫頓植物園（Morton Arboretum）和賓州朗伍德花園等重要機構建立關係。「韓國社會非常羞於與他人攜手合作，」金說，「但合作與共同努力都是必需的，他花費一番功夫才教會我們這一點。你能想像韓國植物園的工作人員遲至 1993 年才首度出席國際植物園大會嗎？」

儘管米勒沒有接受過植物學方面的正式訓練，但他仍弄清了園藝界的內部

運作方式。據金說，他是韓國境內第一位向國際植物協會申請命名和註冊韓國植物的人。「我們從未研究過如何在野外採集、如何種植採集到的植物、如何記錄植物以及如何向國際組織註冊，」金說，「但米勒找到了方法。」

如今，千里浦植物園擁有來自世界各地一萬七千個物種和亞種，當中包括許多國際植物界前所未知的物種。米勒親自打造的圖書館共有一萬六千冊藏書，是韓國少見的園藝圖書館。

米勒於 2002 年去世，全副身家都留給了植物園。透過像金這樣的植物學家的努力，米勒的遺產才得以延續。「我們有責任打造更好的花園，並與他人合作，」金說，「這就是我現在的夢想。」

「我意識到賈伯斯
熱愛樹木。」

賈伯斯的樹藝師

戴夫・莫弗利 *Dave Muffly*

聖塔芭芭拉，美國加州

戴夫・莫弗利從史丹福大學畢業並獲得機械工程學位後，意識到自己實際上並不想成為機械工程師。「大學畢業後我迷失了一段時間，」他說。他和朋友出門尋樂，也找到一份送披薩的工作。「大約過了一年後，我面對的現實是：我的生活需要一個方向，而這方向與披薩無涉。」

他覺得自己有責任服務大眾。那是在 1980 年代末，他第一次聽說何謂氣候變遷。他知道自己對生態和社會正義感興趣，並想實際落實。於是他加入一家位於帕羅奧圖（Palo Alto）、名為「魔法」（Magic）的非營利組織。魔法成立於 1970 年代，是致力公共服務的國際社群。該團體在史丹福大學校園附近擁有三棟相鄰的房屋，住在那裡的人自稱魔法師。

「這裡有點像修道院，」莫弗利說，「你可以留宿，有人會幫你打點。我們的生活有點像是生態僧侶。」團體專注在帕羅奧圖市區和周圍的開放空間種植樹木，包括史丹福天文台（Stanford Dish Area）附近，該地的碟形電波望遠鏡由大學和政府聯合運營，用於軍事和太空探索的目的。望遠鏡周圍是綿延數公里的步道，位於平緩起伏的山麓之間。魔法師負責在那些山丘上種植橡樹。

這正是莫弗利想找尋的那種實踐計畫。一如舊金山南部的大部分土地，這裡曾做為放牧之用，破壞了當地的橡樹稀樹草原生態系統。透過這個計畫，他找到自己的使命和社群。「我們就像聰明的城市嬉皮。」他說。

在魔法的任期結束後，他仍繼續為各個非營利組織執行樹木相關計畫，並兼職樹木維護工作，大多數時候都以自行車代步。「騎自行車是研究樹木的好方法。汽車太快，步行太慢。我會在城市裡騎行數千公里，樹木就是我的主要娛樂活動。」

多年來，他數度回頭幫助處理魔法在天文台周圍的橡樹林重建計畫。當團隊種下的第一批樹年滿二十歲時，他注意到有些樹活得有些掙扎。魔法師們沒有考慮到該地區不同的土壤條件，這對幼樹的健康狀況造成明顯的影響，現在他有機會從早期的錯誤中學習。

彼時的莫弗利並不知道，當他在戶外種樹時，有人也在一旁觀看。「散步是賈伯斯最喜歡從事的活動，特別是在天文台附近。他可能已經在那裡閒晃三十年了。他親眼目睹了整個計畫的落實。」

2010 年的某一天，莫弗利的電話響了。「史蒂夫・賈伯斯正為蘋果公司的新園區招聘樹藝師。我猜他告訴獵人頭公司去史丹福大學找這麼一個人。」

不久之後，他和賈伯斯在會議室碰面。「我注意到的第一件事是，從會議室的窗戶向外望去，可以看到佈滿橡樹的山丘。然後我環顧四周牆上的畫，都是加州橡樹的景觀。這讓我意識到賈伯斯熱愛樹木。」

他形容那一刻是自己一生中最大的驚喜。「我們確實是同一類人。他能從

根本上瞭解我的訴求。當我說我們不能只種植本土樹木，因為三十年、四十年、五十年後我們將面臨不同的氣候條件時，他立刻明白我指的是什麼。面對未知、混亂的未來，我們必需多樣化地種植樹木。」

按照規畫，蘋果園區佔地一百七十五英畝，莫弗利需要選擇並種植約九千棵樹。他花費數年時間走訪數個州尋找苗圃、甚至廢棄的聖誕樹林場，為的是有足夠的成熟樹木來充實景觀。十五英畝的土地被保留為原生草原，還有一個果園種植了包括蘋果在內的不同核果樹。

他在蘋果公司的工作促成他有更多的機會與企業客戶、大學和私人土地所有者執行植樹計畫。他試圖說服合作對象混合種植非本地橡樹，例如來自墨西哥和美國西南部的橡樹，他認為這些橡樹更能抵禦未來的氣候，並在擁擠的城市景觀中充當生物多樣性的節點。「我長時間思考如何抵抗世界末日，」他說，「如果你不想過無聊的生活，不妨接受眼前最大的挑戰。這就是我想透過樹木完成的事情。」

企業的樹木收藏

蘋果園區（Apple Park）
庫比蒂諾（Cupertino），加州

收藏九千棵樹的蘋果園區並不對外
開放，但從訪客中心的屋頂可以望
見林中帶有未來感、飛碟造型的辦公室，訪客中心內還有一家咖啡館和
蘋果專賣店。

布法羅商道釀酒廠（Buffalo Trace Distillery）
法蘭克福（Frankfort），肯塔基州

美國仍在營運中的最古老釀酒廠，佔
地四百英畝，設有植物園。植物園和
波本威士忌品鑑都是全年開放。該釀
酒廠與肯塔基大學合作的最新計畫是
嘗試種植一千棵白橡樹，用以製造波
本威士忌酒桶；他們在研究全美各地
橡樹的遺傳差異，並試驗種植技術，以確保該樹的永續發展，這點對波
本威士忌飲用者和樹木愛好者至關重要。

唐納德·M·肯德爾雕塑花園
(The Donald M. Kendall Sculpture Gardens)

普切斯（Purchase），紐約州

百事公司的全球總部坐落在英國著
名景觀設計師羅素·佩吉（Russell
Page）設計的植物園中。在限定的季
節中歡迎民眾於開放時間入內參觀。
令人驚嘆的雕塑花園中除了樹木，
還包括亞歷山大·考爾德（Alexander Calder）、路易斯·內維爾森（Louise
Nevelson）、利奧諾拉·卡林頓（Leonora Carrington）和亨利·摩爾（Henry
Moore）等人的作品。

賽富時公園 (Salesforce Park)
舊金山，加州

位於舊金山市中心賽富時跨灣轉運
中心（Salesforce Transit Center）上方的
是一座引人注目的小型植物園，園
內種植六百多棵樹，代表世界上氣
候與灣區相當的各個地區。公園全
年向公眾開放，擁有許多稀有和不尋常的樹木，包括瓦勒邁松、垂枝紅
杉和「阿普托斯藍」（Aptos Blue）海岸紅杉。

太平洋盆栽博物館 (Pacific Bonsai Museum)

費德勒爾韋 (Federal Way)，華盛頓州

惠好木材公司（Weyerhaeuser）打造的
盆栽收藏在全球名列前茅。該收藏
由獨立的非營利組織管理，同時也
是美國僅有的兩間盆栽主題博物館之
一。場館位於西雅圖南方，毗鄰惠
好公司總部舊址，該總部曾是佔地

四百二十五英畝、綠樹成蔭的園區。雖然總部舊址目前已出售給開發商，
但盆栽博物館仍然保留了下來，就坐落在杜鵑花園旁。

「很多棕櫚樹的愛好者
都感受到自己在和古人
打交道。」

詩人

W·S· 默溫 *W. S. Merwin*

哈伊庫，美國夏威夷

默溫保留區（Merwin Conservancy）主任索內特·科基利亞·科金斯（Sonnet Kekilia Coggins）說：「威廉作為一名樹木收藏家的有趣之處，就在於他從未自詡為收藏家。所有權和控制權是『收藏』這個概念中固有的內涵。他喜歡說一個人無法創造一片森林。只有森林才知道如何培育森林。」

出生於紐約的默溫曾獲兩項普利茲詩歌獎。他於 1976 年前往毛伊島（Maui），那時已獲得第一座獎項，並出版許多炫目的詩集。他來到毛伊島向禪師羅伯特·艾特肯（Robert Aitken）學習。在輾轉租賃幾處後，他聽說有塊三英畝土地上的小屋待售。這片土地已在數十年來的破壞性做法中毀壞殆盡：砍伐樹木供作柴火，以將土地用來放牧牲畜，改道溪流來為甘蔗園供水，又以不當的方式栽種鳳梨栽種破壞土壤。

除了叢生的雜草和非本地的入侵品種——作為聖誕裝飾樹的巴西胡椒木（*Schinus terebinthifolius*）外，此地空無一物。當默溫看到這片土地，他意識到自己長久以來的願望：「我一直夢想著，有朝一日能有機會嘗試恢復被人類『改良』所破壞的地表。」他購買這處地產並在此度過餘生。當相鄰的土地求售時，他也將其買下，將他的地產擴大至十九英畝。

他希望將這片土地回復至夏威夷本土雨林的原貌，但太過貧瘠的土壤和裸露的土地無法支撐雨林植物生長。他種植的第一棵樹是非本地的木麻黃（*Casuarina equisetifolia*），該樹木生長迅速，但不具侵入性。這些樹木形成了樹冠，而樹冠又為進一步的種植創造了條件。

隨著時間過去，他看到了另一種可能性：他可以盡可能地搜刮、種植來自世界各地的棕櫚樹品種。此種渴望一旦上身，他的表現看上去就開始像是樹木收藏家了，即便他並不喜歡這個標籤。他著手與棕櫚樹苗圃和園藝師互通信件，交換種子，並從世界各地進口稀有而美麗的棕櫚樹。默溫和其他同好在這些六千萬年前就廣泛分布的古樹身上，感受到了某種親切感，他曾經這樣描述：「很多棕櫚樹的愛好者都感受到自己在和古人打交道。」

在接下來的三十年裡，他種植了大約八百五十種不同種類的棕櫚樹，總數達數千棵。多年來，他以每天種下一棵樹的速率進行。他從未保存清單或製作地圖，而且可能很多年都未曾造訪其中一些樹木。他安排棕櫚樹種植地點的目的並非為了展示，而是希望將它們種植在最適宜生長之處，並經常同時種植幾株相同的樹苗，讓它們彼此競爭，就像在母樹周圍長出幼苗的情況一樣。

不過，他也像收藏家一樣擁有自己珍貴的樣本。2007 年，原產於馬達加斯加、極其罕見的自毀棕櫚樹（*Tahina spectabilis*）被發現生長在腰果園中。

當時的植物學家對這種植物全然陌生。於是邱園的植物學家迅速收集種子並分發到世界各地，以利保存。邱園的約翰·德蘭斯菲爾德（John Dransfield）

博士將其中一棵棕櫚樹送給了默溫，彼時默溫已是一位受人尊敬且知識淵博的棕櫚收藏家。

談及自己作為一名樹木保護者的角色時，默溫說，他經手的部分樹木只能透過「像我這般的傻子」栽種才得以倖存下來，「把事情交給專家當然可以做得比我們更好，但專家少見，事情做不完。」

默溫在 2019 年去世前成立了保留區，確保這片棕櫚林能得到保護，並讓他的房子成為作家和藝術家的休憩之所。他的植物收藏現已精心編目，房產的部分區域開放訪客參觀，還會向不同領域的藝術家提供駐地機會和獎學金支持。

儘管默溫以其詩歌而聞名，但他認為自己的文學作品與樹木有著千絲萬縷的關聯。他甚至喜歡將郵件埋在樹下，任何一位被信件、不請自來的手稿和邀請函淹沒的著名作家都會欽佩這種行為。他的妻子寶拉說：「威廉真正熱愛的生活就是早上寫詩——這包括閱讀、思考、喝茶、眺望棕櫚樹，然後到了下午就是種樹，種在花盆裡或是土裡。」

自毀棕櫚樹的非凡旅程

2005 年，澤維爾・梅茨（Xavier Mets）在他管理的腰果園裡發現一些沒見過的巨型棕櫚樹。他與一位朋友分享了照片，朋友在國際棕櫚樹協會的網路討論區上發布這些照片。邱園植物學家德蘭斯菲爾德看到這些照片後，要求來自馬達加斯加的學生米喬羅・拉科托阿尼沃（Mijoro Rakotoarinivo）尋找這些樹木。

人們很快就釐清他們發現的不僅僅是一個新物種，還是一個全新的屬。該樹木被以梅茨的女兒之名命名為「Tahina」。植物學家最終瞭解到，這棵樹只會在生命的盡頭開一次花。幸運的是，其中一株正值花期，並且有足夠的種子可供採集。

植物界齊聚一堂制定計畫：他們收集該樹的種子，並分發到精心選擇的地點以求保存樹木。額外的種子可供出售，收益回饋在地社區。

當地人努力保護樹木免受野火、動物掠食者和愛管閒事的外國人的破壞。相關收入用於翻修學校、建造水井並資助其他開發案。如今，世界各地的公共花園都可以看到這種棕櫚樹，而德蘭斯菲爾德的禮物仍在默溫保留區內生長繁盛。

致謝

首先要感謝與我分享故事，並為我轉介其他人的每一位的樹木收藏家。他們的名字出現在書頁中，我希望我如實呈現他們的故事。

我還要感謝提供見解和專業知識的多位收藏家、植物學家和樹藝家，包括 Francisco Arjona, Jennie Ashmore, Sherry Austin, David Benscoter, Augustin Coello, Dave Dexter, Fred Durr, Bill and Heather Funk, Jose Miguel Gallego, Eliza Greenman, Gabriel Hemery, Vanessa Handley, Jill Hubley, Phyllis and Tom Hunter, Vanessa Labrouse, Peter Laharrague, Louis Meisel, Jeff Meyer, Sue Paist, Matt Ritter, Philippe de Spoelberch, Rose Tileston, Simon Toomer, John Uri, Robert Van Pelt, Dennis Walsh, Richard Weir, Jeff Winget, 和 Paul Wood.

我也非常感謝筆譯和口譯人員，他們使我能夠與來自世界各地的人們交談。他們將這個計畫視為己出，並在談話中提出寶貴的問題和觀察。感謝 Malgorzata Bruzek, Claudia Dornelles, Tatiana A. de Faria, Van Luu Thi Hong, Vivek Kumar, Yukari Yagura, 和 Hani Yeo.

一如既往，我要感謝經紀人 Michelle Tessler，還有 Jessica Dacher 對這項出版計畫提供的幫助。對 Hilary Redmon, Robin Desser 以及蘭登書屋的每個人致上無限的謝意，他們讓本書得以付梓。

最後，非常感謝我的丈夫，P. Scott Brown.，身為藏書家的他自始就樂觀其成。

注釋

本書中引用的文句大部分都來自對該主題的個人訪談。以下將提供來自已發表資料的引用來源以及延伸閱讀建議。

開放參觀的私人樹木收藏

124　「開始探究橡樹後⋯⋯」Mark Griffiths, "The Life of the Oak Tree Collector: 'You See There's Only One Sensible Course of Action: Collect the Lot,' " *Country Life*, August 31, 2019.

喬伊・桑托爾

173　「這座城市的公共美化⋯⋯」引用自他的 YouTube 影片 *Tony Santoro's Guide to Illegal Tree-Planting*.

愛德華・埃・弗雷特・霍頓

本章的參考材料來自我對懷俄明大學拉勒米美國遺產中心之霍頓檔案的回顧，引用文句來自以下報章材料：

239　「我昨天在陪伴一棵生病的樹⋯⋯」*Arizona Republic* （Phoenix, AZ），August 1, 1937.

240　「我的粉絲來信可以證明這點⋯⋯」*Richmond Times-Dispatch* （Richmond, VA），June 13, 1937.

241　「一名將入獄的走私犯……」*Democrat and Chronicle* （Rochester, NY）, December 21, 1959.

241　「這類事情如此難以預料……」*The Post-Star* （Glens Falls, NY）, July 3, 1952.

名人堂：名人樹木收藏家

242　「樹木是我眼下生活的重心……」*Judi Dench: My Passion for Trees*, BBC, 2017.

伊內斯・恩里奎塔・朱麗葉塔・梅西亞

更多有關梅西亞的訊息，請閱讀 Durlynn Anema 所作的 *The Perfect Specimen: The 20th Century Renown Botanist—Ynes Mexia* （National Writers Press, 2019）.

250　「忍受這段婚姻關係……」Mexía to Petsito （Augustin Reygadas）, July 31, 1911, Ynés Mexía papers, 1872–1963, BANC MSS 68/130 m, Bancroft Library, University of California, Berkeley.

250　「每個人都向我提及……」Mexía, letter addressed "Dear Miss," October 24, 1926, Ynés Mexía papers, 1872–1963, BANC MSS 68/130 m, Bancroft Library, University of California, Berkeley.

252　「她不像你我這般……」Nina Floy Bracelin, interviewed by Annetta Carter （oral history transcript）, 1965, 1967; Ynés Mexía Botanical Collections, Bancroft Library, University of California, Berkeley, 1982.

252　「然後我們踏上漫長的回程……」 Ynés Mexía, "Camping on the Equator," *Sierra Club Bulletin 22*, no. 1 （February 1937）: 85–91.

植物探險家和以他們命名的樹木

若想知道更多有關約瑟夫‧班克斯的資訊，請查看他有趣的新傳記作品 *The Multifarious Mr. Banks: From Botany Bay to Kew, the Natural Historian Who Shaped the World by Toby Musgrave* （Yale University Press, 2020）。

大衛‧道格拉斯的故事講述於 *The Collector: David Douglas and the Natural History of the Northwest by Jack Nisbet* （Sasquatch Books, 2010）。

Andrea Wulf 所作的 *The Invention of Nature: Alexander von Humboldt's New World* （Vintage, 2016）是篇有關亞歷山大‧馮‧洪堡生平的絕佳介紹。

曼紐爾‧因克拉‧馬瑪尼的故事在 Mark Honigsbaum 的 *The Fever Trail: In Search of the Cure for Malaria* （Farrar, Straus and Giroux, 2002）有提到。

法蘭克‧邁耶的完整傳記請見 *Frank N. Meyer: Plant Hunter in Asia by Isabel Shipley Cunningham* （Iowa State University Press, 1984）。

瑪麗安‧諾斯的作品集可以在 *Abundant Beauty: The Adventurous Travels of Marianne North, Botanical Artist* 中找到，同時附帶由 Laura Ponsonby 所作的簡介（Greystone Books, 2011）。

拯救日本櫻花樹

更多有關日本保護傳統櫻花樹品種的非凡故事，請見 *The Sakura Obsession: The Incredible Story of the Plant Hunter Who Saved Japan's Cherry Blossoms by Naoko Abe* （Knopf, 2019）。

有關大衛‧費爾柴爾德在日本櫻花樹引進美國時所扮演的角色，可以看看 *The Food Explorer: The True Adventures of the Globe-Trotting Botanist Who Transformed What America Eats by Daniel Stone*（Dutton, 2018）.

有關費爾柴爾德對於他在試驗農地種植多種櫻花的引言來自 "The Ornamental Value of Cherry Blossom Trees," *Art and Progress*, Volume 2, Issue 8, 1911.

伊麗莎‧西德莫爾充滿冒險的人生故事記述於 Diana Parsell 所作的 *Eliza Scidmore: The Trailblazing Journalist Behind Washington's Cherry Trees*（Oxford University Press, 2023）.

傑西‧歐文斯

306 「教練，我已經贏了三面金牌……」取自 Marty Glickman 在一場訪談中所提及的回憶，刊登於 the United States Holocaust Memorial Museum 舉辦的展覽 "The Nazi Olympics, Berlin 1936."。訪談錄音亦可在博物館的網頁上取得。

307 「我收到的橡樹種到哪去……」有關傑西‧歐文斯講述他的奧林匹克橡樹的命運，引用自 1966 年的一份檔案 *Jesse Owens Returns to Berlin*.

更多有關歐文斯和柏林奧林匹克的故事，請參閱 *Triumph: The Untold Story of Jesse Owens and Hitler's Olympics* by Jeremy Schaap（Mariner Books, 2015）.

遍地 01

樹木收藏家：愛樹成痴者的故事
The Tree Collectors: Tales of Arboreal Obsession

作　者　艾米・史都華 Amy Stewart
譯　者　黃珮玲

總 編 輯　成怡夏
責任編輯　成怡夏、陳宜蓁
行銷總監　蔡慧華
封面設計　莊謹銘
內頁排版　張嘉芬

出　　版　左岸文化事業股份有限公司 鷹出版
發　　行　遠足文化事業股份有限公司（讀書共和國出版集團）
　　　　　231 新北市新店區民權路 108 之 2 號 9 樓

客服信箱　gusa0601@gmail.com
電　　話　02-22181417
傳　　真　02-86611891
客服專線　0800-221029

法律顧問　華洋法律事務所 蘇文生律師
印　　刷　成陽印刷股份有限公司

初　　版　2024 年 10 月
定　　價　540 元
Ｉ Ｓ Ｂ Ｎ　978-626-7255-53-7
　　　　　978-626-7255-51-3（PDF）
　　　　　978-626-7255-52-0（EPUB）

The Tree Collectors: Tales of Arboreal Obsession
Copyright ©Amy Stewart, 2024
This edition arranged with Tessler Literary Agency
through Andrew Nurnberg Associates International Limited

國家圖書館出版品預行編目（CIP）資料

樹木收藏家：愛樹成痴者的故事 / 艾米．史都華（Amy Stewart）作
黃珮玲譯 .-- 初版 .-- 新北市：鷹出版：遠足文化事業股份有限公司發行
2024.10
面；公分 --（遍地；1）
譯自：The Tree Collectors: Tales of Arboreal Obsession.
ISBN 978-626-7255-53-7（平裝）
1.CST：植物 2.CST：蒐藏家 3.CST：世界傳記
370.99　　　　　　　　　　　　　　　　　　　　　　　1130117號